ESSAI

D'UNE THÉORIE

SUR LA STRUCTURE

DES CRYSTAUX.

ESSAI

D'UNE THÉORIE

SUR LA STRUCTURE

DES CRYSTAUX,

APPLIQUÉE

A PLUSIEURS GENRES DE SUBSTANCES
CRYSTALLISÉES;

Par M. l'Abbé HAÜY, de l'Académie Royale des
Sciences, Profeſſeur d'Humanités dans l'Univerſité de
Paris.

A PARIS,

Chez Gogué & Née de la Rochelle, Libraires,
Quai des Auguſtins, près le Pont Saint-Michel.

M. DCC. LXXXIV.

SOUS LE PRIVILÉGE DE L'ACADÉMIE.

AVERTISSEMENT.

La théorie que je propose dans cet Ouvrage, est fondée sur l'accord de l'observation avec le calcul, dont je ne pouvois me dispenser de faire usage, pour traiter, avec quelque succès, une matière où tout est, pour ainsi dire, proportion & régularité. Quoique les démonstrations que j'ai employées n'exigent, la plupart, que des connoissances ordinaires d'Algèbre & de Géométrie, il faut un œil exercé pour concevoir les figures dont une grande partie représente sur un plan des objets en relief, avec des lignes qui se croisent dans tous les sens. Il seroit bon que les Lecteurs, qui desireront suivre les détails de ces démonstrations, exécutaſſent eux-mêmes ou fiſſent exécuter, ſoit en carton, ſoit avec toute autre matière, des ſolides qui repréſenteroient les principales variétés des Cryſtaux, & y traçaſſent les lignes indiquées dans les figures. On pourra s'aider des développemens qui ſe trouvent à la tête de chaque article, pour donner à ces Cryſtaux artificiels des formes exactement ſemblables à celles des modèles produits par la Nature.

TABLE
DES ARTICLES.

EXTRAIT des Regiſtres de l'Académie Royale des Sciences, du 26 Novembre 1783.

MESSIEURS Daubenton & de la Place ayant rendu compte d'un Ouvrage intitulé : *Eſſai d'une Théorie ſur la Structure des Cryſtaux, par M. l'Abbé HAÜY*, l'Académie a jugé cet Ouvrage digne de ſon approbation, & d'être imprimé ſous ſon Privilége : en foi de quoi j'ai ſigné le préſent Certificat. A Paris, le 26 Novembre 1783, *ſigné* le Marquis DE CONDORCET, Secrétaire Perpétuel.

Fautes eſſentielles à corriger.

Pag. 70, lig. 16, *o r t*, liſez *o r i*.

Id. lig. 19, *re* paralléle à *i o*, liſez *r i* paralléle à *t o*.

INTRODUCTION.

Sous quelque point de vue que l'on
envifage la Nature, on eft frappé de
l'abondance & de la variété de fes pro-
ductions. Tandis qu'elle embellit &
anime la furface du globe par la fuc-
ceffion conftante des êtres organifés ;
elle travaille en fecret, dans les cavités
fouterraines, fur la matière inorganique,
& femble fe jouer dans la diverfité des
formes géométriques qui naiffent de
fon opération. On fait que quand les
molécules des fubftances minérales fe
trouvent fufpendues librement dans un
fluide avec le degré de pureté & de
ténuité néceffaire ; quand elles jouif-
fent, felon l'expreffion fi nette & fi

A

précife de M. Daubenton (1), *du temps,
de l'efpace & du repos*, elles cèdent à
la tendance qu'elles ont les unes vers
les autres, s'approchent, fe réuniffent
& forment par leur affemblage des polyèdres terminés ordinairement par des
faces planes. Ce font ces corps aux-
quels on a donné le nom de cryftaux,
& dont l'étude, mieux fuivie depuis
un certain nombre d'années, a découvert aux yeux des Naturaliftes un nouvel ordre de faits intéreffans, où l'on
voit jufqu'aux moindres molécules de
la matière foumifes, par une Sageffe
fuprême, à des loix toujours fubfiftantes,
d'où naiffent l'harmonie & la régularité.

L'étude dont il s'agit, & en général
celle des minéraux, eft bornée à un
nombre de genres beaucoup moins confidérable que celle des animaux & des
plantes ; & à cet égard, elle exige

(1) Leçons de Minéralogie.

moins d'efforts de la part de l'efprit, qui, étant moins partagé par la multitude des objets, en faifit plus facilement l'enfemble & les rapports mutuels. Mais la diverfité des formes dont une même fubftance eft fufceptible, offre ici un grand obftacle de plus à vaincre. Dans les animaux & les végétaux, les divers individus d'une même efpèce portent, pour ainfi dire, l'empreinte vifible d'un modèle commun ; la grandeur de l'objet, les dimenfions refpectives de fes parties, leurs couleurs, peuvent varier : mais, au milieu de ces modifications accidentelles, la forme primitive fubfifte toujours, & s'annonce par des traits apparens & ineffaçables. Dans les minéraux au contraire, & fur-tout dans les cryftaux, les variétés d'une même forte paroiffent fouvent au premier afpect, n'avoir entr'elles aucun rapport, & quelquefois même ceux que l'on y apperçoit deviennent une nouvelle fource de difficultés. On connoît, par exemple, trois rhomboïdes de fpath calcaire (1), différens les uns des autres par leurs angles plans, ou, ce qui revient au même, plus ou moins furbaiffés. Cette diverfité d'angles dans des formes analogues, que l'on doit fuppofer produites par des molécules parfaitement femblables, offre un fait peut-être encore plus furprenant, que la différence totale qui fe trouve entre d'autres variétés du même fpath.

Une difficulté d'un genre tout op-pofé, provient de la reffemblance des formes dans des fubftances très-éloignées les unes des autres par leur nature. Les Obfervateurs exercés favent com-bien de minéraux divers affectent la figure de l'octaèdre & celle du cube.

Avant de faire connoître les moyens par lefquels j'ai effayé de lever une partie de ces difficultés, j'obferverai

<hr />

(1) Voyez ci-après, article I, n°. 3, la définition du mot *Rhomboïde,* d'après le fens que j'ai cru devoir y atta-cher.

que l'on peut se proposer deux choses dans l'étude des crystaux : l'une, de tirer de leurs différentes formes, des caractères distinctifs, pour reconnoître les minéraux ; l'autre, de comparer ces formes les unes avec les autres, d'en saisir les rapports & les différences, & même d'expliquer, s'il se peut, le mécanisme interne de leur structure ; de réduire, en un mot, la Crystallographie à une Science qui ait des principes fixes, d'où l'on puisse tirer des conséquences propres à répandre du jour sur une matière jusqu'ici enveloppée de tant d'obscurités.

A l'égard du premier de ces objets, il est certain d'abord que jamais on ne pourra faire de la Crystallographie la base d'une distribution méthodique des minéraux. Outre qu'ils ne se présentent ni toujours ni même tous dans l'état de crystaux, il faudroit, pour qu'on pût établir une méthode sur ce fondement, que chaque sorte de minéral affectât une

forme particulière qui lui appartînt à
l'exclusion des autres, & dont les modifications, si elle en subissoit quelques-
unes, fussent trop légères pour masquer
la forme originaire au point de la
rendre méconnoissable. Or, j'ai déjà remarqué combien les formes des crystaux
étoient éloignées de se prêter à la sim-
plicité de cet ordre. Ces formes ne
peuvent donc être employées que subsi-
diairement, & comme caractères secondaires; avec ceux qui se tirent de la
cassure, de la dureté, du poli, &c.; &
c'est de cette manière qu'elles ont été
employées par M. Daubenton, dans sa
distribution méthodique du Règne Minéral.

Quant au second point, qui consiste
à établir une théorie sur la Crystallisation, il m'a paru que l'on avoit trop
négligé de faire les recherches qui pouvoient conduire à ce but. J'avoue qu'au
premier coup-d'œil il se présente un
si grand nombre de formes acciden-

telles, que l'on ne préfume pas qu'il foit poffible même d'entrevoir la marche de la Nature à travers cette multitude de déviations apparentes qui nous la dérobent. Cependant, en y regardant de plus près, on obferve que beaucoup de formes, qui d'abord avoient paru femblables dans les cryftaux de nature diverfe, diffèrent entr'elles par les angles plans de leurs faces, par les inclinaifons refpectives de ces mêmes faces, par les hauteurs des axes des pyramides qui fe réuniffent fouvent bafe à bafe, pour former un feul cryftal, &c. On remarque de plus que ces angles & ces axes font conftans dans la même variété de cryftal, quel que foit le Pays d'où elle a été apportée, en fuppofant d'ailleurs qu'elle foit bien nette & bien prononcée. On apperçoit des paffages d'une forme à l'autre, des gradations marquées, qui indiquent des rapprochemens que l'on n'avoit pas foupçonnés d'abord. Ce font ces obfervations,

A 4

fuivies avec foin, & fouvent répétées,
qui m'ont fait naître le défir & l'efpé-
rance de faire un nouveau pas dans la
connoiffance des cryftaux, & de répandre quelque jour fur cette matière,
d'autant plus intéreffante, qu'elle tient
très - probablement à l'une des caufes
générales du mouvement des corps &
aux plus grands phénomènes de la Nature.

Au refte, mon deffein n'a pas été de
rechercher la manière dont agiffent les
forces primitives auxquelles eft foumife la cryftallifation. Je ne fais s'il
feroit poffible d'avoir égard à tous les
élémens qui doivent entrer dans une
pareille théorie, tels que le volume
des molécules fur lefquelles les forces
dont il s'agit exercent leur action, le
degré de denfité du fluide, fon degré
de température, la forme de la cavité,
& autres circonftances femblables, qui
influent néceffairement dans la formation des cryftaux, & qu'il faudroit fou-

mettre au calcul, pour réfoudre com-
plettement les problêmes de cet ordre.
Je me fuis borné à un genre de recherches plus à ma portée, en me pro-
pofant de déterminer la forme des molécules conftituantes (1) des cryftaux,
& la manière dont elles font arrangées
entr'elles dans chaque cryftal. C'eft
cette combinaifon que j'appelle *ftruĉure;*
& l'on verra, dans le cours de cet
Ouvrage, qu'elle eft foumife à un petit
nombre de loix, dont les modifications
combinées produifent toutes les variétés
de formes que l'on obferve dans les cryftaux.

Les réfultats auxquels conduit une
pareille théorie, ne pouvoient être
conftatés qu'à l'aide de la Géométrie.
L'afpeĉt feul de ces polyèdres, fur lefquels il femble qu'une main exaĉte ait
porté la règle & le compas, pour en

_____

(1) Voyez ci-deffous, art. I, n°. 2, la définition de
ce mot.

fixer les dimenſions, indique un objet ſuſceptible d'être ſoumis aux méthodes rigoureuſes des Sciences mathématiques: mais il falloit trouver dans l'objet même des données ſuffiſantes pour exclure toute ſuppoſition arbitraire, & pour conduire à des ſolutions qui repréſentaſſent les vrais réſultats du travail de la Nature.

Une obſervation que je fis ſur le ſpath calcaire en priſme à ſix pans, terminé par deux faces exagones (1), me ſuggéra l'idée fondamentale de toute la théorie dont il s'agit. J'avois remarqué qu'un cryſtal de cette variété, qui s'étoit détaché par hazard d'un groupe, ſe trouvoit caſſé obliquement, de manière que la fracture préſentoit une coupe nette, & qui avoit ce brillant auquel on reconnoît le poli de la Nature. J'eſſayai ſi je ne pourrois point faire, dans ce même priſme, des coupes

_____

(1) Voyez le n°. 28.

dirigées selon d'autres sens ; & après différentes tentatives, je parvins à obtenir de chaque côté du prisme trois sections obliques : & par de nouvelles coupes parallèles aux premières, je détachai un rhomboïde parfaitement semblable au spath d'Islande, & qui occupoit le milieu du prisme. Frappé de cette observation, je pris d'autres spaths calcaires, tel que celui qui forme un rhomboïde à angles très-obtus (1), celui dont la surface est composée de douze plans pentagones (2) ; & j'y retrouvai le même noyau rhomboïdal que m'avoit offert le prisme dont j'ai parlé plus haut.

Des épreuves semblables, faites sur des crystaux de plusieurs autres genres, assez tendres pour être divisés nettement, me donnèrent des noyaux qui avoient d'autres formes, mais dont cha-

---

(1) Voyez le n°. 22.
(2) Voyez le n°. 25.

cune étoit invariable dans le même genre de cryſtal. Je crus alors être fondé, d'après les tentatives faites ſur les cryſtaux mentionnés, & d'après des raiſons d'analogie pour les cryſtaux que leur dureté ne permettoit pas de diviſer, à établir ce principe général, que toute variété d'un même cryſtal renfermoit, comme noyau, un cryſtal qui avoit la forme primitive & originaire de ſon genre.

Cette forme, comme on le voit, n'eſt point priſe arbitrairement, mais indiquée par la Nature elle-même : auſſi verra-t-on dans cet Ouvrage qu'elle eſt ſouvent fort différente de celles qui ont été adoptées par d'autres Auteurs pour les divers genres de cryſtaux, ſans aucune raiſon de préférence fondée ſur l'expérience & l'obſervation.

La forme primitive, conſidérée par rapport à chacun des cryſtaux ſecondaires d'un même genre, repréſente un polyèdre inſcrit dans un autre polyèdre, qui varie pour la figure, le nombre & la difposition de fes faces : tantôt c'eſt un priſme fans pyramide ; tantôt le priſme a une pyramide à chacune de fes extrémités ; d'autres fois enfin, c'eſt un aſſemblage de pyramides groupées régulièrement.

Lorſque les cryſtaux font aſſez tendres pour être diviſés, on peut faire dans le noyau des fections parallèles à fes différentes faces ; toute la matière enveloppante fe diviſe auſſi parallèlement aux faces du noyau : en forte que toutes les parties que l'on retire par ces différentes fections font femblables entr'elles & au noyau. Il en faut cependant excepter les parties fituées fur le bord des lames compoſantes, qui fe préfentent fous une forme différente des autres. Pour concevoir que cela doit être ainſi, fuppofons un cube infcrit dans un octaèdre ; fi l'on diviſe l'octaèdre par des fections parallèles aux faces du cube, il eſt clair que l'on

retirera, par ces sections, une multitude de petits cubes de l'intérieur de
l'octaèdre ; mais les parties situées près
de la surface ne pouvant avoir leurs faces
extérieures parallèles aux faces corres-
pondantes du cube, n'auront pas non
plus la forme cubique : en sorte que la
division donnera toujours un reste.

Il y a plus ; quand même on sup-
poseroit aux parties d'un crystal secondaire des formes différentes de celles
que l'on obtient par les sections dont
j'ai parlé, il seroit encore impossible
de réduire le crystal, en concevant sa
surface lisse & polie, à un assemblage
de molécules toutes semblables entr'elles. Que l'on prenne, par exemple,
d'une part un rhomboïde semblable au
spath d'Islande, & de l'autre un prisme
à six pans, terminé par deux faces
exagones, qui est, comme je l'ai dit,
une des variétés du spath calcaire, tout
Géomètre sentira facilement que ces
deux crystaux, en supposant leurs sur-

faces parfaitement de niveau dans toute leur étendue, ne peuvent être compofés de parties femblables, ou, ce qui revient au même, qu'il n'y a aucune forme de polyèdre qui puiffe fervir à tous les deux de mefure, commune.

Ces confidérations m'ont fait préfumer que les faces des cryftaux fecondaires ne devoient pas être confidérées comme des plans géométriques, mais qu'elles étoient pleines de petites inégalités : en forte que leurs lames, au lieu d'avoir leurs bords de niveau, les avoient difpofés en retraite, à-peu-près comme les degrés d'un efcalier, & que même, dans plufieurs cas indiqués par la ftructure, comme on le verra dans la fuite de l'Ouvrage, le bord de chaque lame, au lieu de former une arête continue, étoit comme dentelé, & formoit alternativement des angles rentrans & faillans.

Dans cette hypothèfe, la plus natu-

relle, & même, j'ose le dire, la seule
raisonnable que l'on pût imaginer, les
parties d'une forme en quelque forte
étrangère, qui occupoient le contour
des lames, n'offroient qu'une apparence
trompeuse ; & en supposant les divisions mécaniques du cryftal pouffées
jusqu'à leur dernière limite, c'eft-à-dire,
jusqu'au point d'ifoler les molécules
conftituantes, ces parties s'évanouif-
foient entièrement ; il ne reftoit plus
alors que des molécules exactement femblables entr'elles, & au noyau renfermé
dans le cryftal, dont la ftructure, confidérée fous ce point de vue, fe trouvoit ramenée à une parfaite uniformité.

Si l'on fait attention à l'extrême
petiteffe des molécules conftituantes des
cryftaux, on concevra aifément que,
dans le cas d'une cryftallifation parfaitement régulière, les vacuoles & les
inégalités dont j'ai parlé doivent être
nulles pour nos fens. Mais il s'en faut
bien

bien que toutes les conditions requises pour conduire la Nature au but de son opération, se trouvent toujours réunies. Gênée dans sa marche par mille accidens & par l'action de différentes causes perturbatrices ; elle agit souvent par des degrés intermittens, laisse son ouvrage imparfait, quelquefois ne fait que l'ébaucher ; & par-là même se décèle à des yeux attentifs, & donne à entrevoir le secret de son opération. On observe alors sur la surface des crystaux, tantôt des stries ou cannelures, qui indiquent non-seulement la position des lames, mais même leur retraite ; tantôt des aspérités, qui annoncent les petites saillies dont les rebords des mêmes lames sont tout hérissés.

Ces indices m'ont paru confirmer l'hypothèse dont j'ai parlé : cependant, pour lui donner le plus grand degré de probabilité possible, il falloit encore y imprimer, pour ainsi dire, le sceau du calcul ; & c'est alors que la Géo-

B

métrie devenoit d'un ufage indifpen-
fable : mais on ne pouvoit appliquer
ici le calcul, fans connoître la forme
exacte des molécules conftituantes. Or,
les fections que l'on peut faire dans un
cryftal ne donnent pas précifément cette
forme ; elles déterminent feulement les
angles des faces , & non pas les dimenfions refpectives des côtés, puifqu'entre
deux fections, on peut toujours en faire
paffer une troifième , qui , fans altérer
les angles, changera les dimenfions de
la figure produite par les premières fections, Lorfqu'on divife , par exemple ,
un cube de fel marin, on peut en retirer
à volonté des parallélipipèdes rectangles
de toutes fortes de dimenfions refpectives, fuivant les diftances que l'on
mettra entre les fections. Rien ne dit
où il faudroit s'arrêter , parce qu'à
quelqu'endroit que l'on effaye d'entamer
le cryftal, la fection paffera toujours
entre deux molécules , fans qu'on puiffe
jamais ifoler celles-ci , à caufe de leur
extrême petiteffe.

Pour avoir quélque chofe de fixe à cet égard, j'ai choifi d'abord des cryftaux dont on ne peut douter, ce me femble, que les molécules ne foient d'une figure parfaitement régulière ; c'eft-à-dire, n'aient leurs faces toutes égales & femblables entr'elles. Tels font entr'autres les cryftaux de fel marin & ceux de fpath calcaire : la ftructure même des variétés de ces cryftaux indique vifiblement que les molécules de l'un font de vrais cubes, & celles de l'autre des rhomboïdes ; car fi cela n'étoit pas, il faudroit dire, par exemple, qu'un noyau rhomboïdal de fpath calcaire, au lieu d'être compofé de petits rhomboïdes femblables à lui - même, feroit un affemblage de petites lames ou de parallélipipèdes, qui auroient une épaiffeur moindre que leur largeur. Cela pofé, comme toutes ces lames s'appliqueroient les unes aux autres par leurs faces femblables pour former un rhomboïde tel que celui dont il s'agit, il faudroit concevoir que toutes les grandes faces des lames composantes seroient parallèles à deux faces opposées du rhomboïde, & que les rebords ou petites faces des lames répondroient aux quatre autres faces du rhomboïde. Or, un pareil assemblage ne s'accorde point avec la structure & la forme des cristaux secondaires ; car, dans la plupart de ceux-ci, les parties surajoutées au noyau, forment des espèces de pyramides semblables entr'elles, & appliquées par leurs bases sur la différentes faces du noyau. Mais, dans l'hypothèse dont j'ai parlé, on ne conçoit pas comment la pyramide qui reposeroit sur une des faces du noyau, formée par les rebords des petites lames composantes, pourroit être parfaitement semblable à la pyramide appliquée sur la face voisine, qui seroit formée par les grandes faces des mêmes lames. La disposition symétrique de la matière enveloppante me semble annoncer évidemment que toutes les faces du noyau font des affemblages de figures femblables entr'elles & à ces mêmes faces ; ce qui fuppofe que le noyau lui-même a pour molécules conftituantes de petits rhomboïdes, plutôt que de fimples lames.

La figure des molécules étant déterminée pour les cryftaux dont je viens de parler, j'ai trouvé, par le calcul, que parmi une infinité de loix poffibles de décroiffemens, il n'y en avoit qu'un petit nombre auxquelles la formation de ces cryftaux fût affujettie. Pour donner, dès maintenant, une idée de ces loix, fuppofons qu'on fe propofe de former, avec une multitude de petits cubes, une pile quadrangulaire régulière, c'eft-à-dire, compofée de couches qui aillent en décroiffant uniformément de la bafe au fommet. Il eft clair qu'ayant pris à volonté, pour compofer la première couche, un nombre quarré de petits folides cubiques, on pourra difpofer les couches fuivantes de manière que chacune ait fur fon contour une, ou deux, ou trois rangées, ou un plus grand nombre encore, de moins que la couche qui fe trouvera immédiatement au-deffous; en forte que les nombres des cubes qui compoferont les couches fucceffives feront repréfentés par les termes d'une férie récurrente. Plus les cubes compofans feront petits, plus la pile approchera de la forme d'une pyramide à faces liffes : de manière que, fi l'on fuppofe les cubes prefqu'infiniment petits, l'efpèce d'efcalier que forment les couches compofantes par leur retraite, devenant infenfible à l'œil, la pile fe préfentera fous l'afpect d'une véritable pyramide quadrangulaire, dont la hauteur variera felon que la férie qui repréfente les couches de fuperpofition fera plus ou moins convergente.

Telle eft la manière dont il faut concevoir les décroiffemens qui fe font fur les bords des lames qui compofent

les cryftaux fecondaires. On verra dans
cet Ouvrage que ces lames décroiffent
également par leurs angles, dans plufieurs cas ; mais toujours fuivant une
loi telle que les parties qui fe trouvent
fupprimées à chaque application d'une
nouvelle lame, font des rangées de molécules parfaitement égales & femblables à celles dont le noyau eft l'affemblage. L'exiftence des loix dont il
s'agit eft prouvée par l'accord du calcul
avec l'obfervation, puifque les angles,
foit plans, foit folides, des cryftaux,
calculés d'après ces mêmes loix, fe
trouvent être les mêmes que ceux qu'on
mefure immédiatement fur le cryftal.

En admettant ces loix, & en raifonnant par analogie des autres cryftaux
dans lefquels les dimenfions refpectives
des molécules n'étoient pas déterminées,
je fis l'opération inverfe fur ces derniers
cryftaux; c'eft-à-dire que je fuppofai
d'avance les mêmes loix de décroiffement que j'avois découvertes dans les

premiers cryſtaux, & d'après cette hypothèſe, je déterminai par le calcul
la hauteur des molécules (1). J'expliquerai dans la ſuite de cet Ouvrage
de quelle manière je ſuis parvenu à
déterminer auſſi le rapport que gardent
entr'eux les côtés des baſes de chaque
molécule, dans le cas où ces baſes
font, par exemple, des parallélogrammes obliquangles, ou des rhombes
alongés, comme dans les molécules
du gypſe.

Voilà à quoi ſe réduit le fonds de
mon travail ſur les cryſtaux, & la
théorie qui ſera développée dans le

---

(1) Il n'eſt pas inutile d'obſerver ici, que, même
abſtraction faite des dimenſions reſpectives des molécules, l'exiſtence des loix de décroiſſement dont j'ai
parlé n'en ſeroit pas moins prouvée. On ignoreroit
ſeulement ſi ces décroiſſemens ſe font par une rangée
de molécules, plutôt que par deux ou trois rangées,
ou par un plus grand nombre. Mais il ſeroit toujours
vrai de dire que les décroiſſemens qui ont lieu dans
tel cas, ſeroient doubles, par exemple, de ceux que
ſubiſſent les lames dans tel autre cas. Ainſi la théorie

cours de cet Ouvrage. Tout confifte à réfoudre, dans chaque cas particulier, ce problême général : *Etant donné un cryftal, déterminer la forme précife de fes molécules conftituantes, leur arrangement refpectif, & les loix que fuivent les variations des lames dont il eft compofé.*

Les données à l'aide defquelles j'ai déterminé, foit la figure des molécules conftituantes, foit la mefure des angles des cryftaux, dépendent affez fouvent d'une obfervation faite fur l'égalité fenfible des inclinaifons refpectives de certaines faces du cryftal, ou fur celle de certains angles plans ; égalité que je fuppofe parfaite, d'après un principe dont je parlerai dans un moment. De

___

que je propofe eft indépendante à cet égard de l'hypothèfe dans laquelle les décroiffemens les plus ordinaires fe font par une ou par deux rangées de molécules, quoique cette hypothèfe me paroiffe très-probable, tant à caufe de fa grande fimplicité, que parce qu'elle eft la feule qui s'accorde avec la ftructure des cryftaux fecondaires, comme je l'ai prouvé ci-deffus.

même , lorsqu'un des angles faillans ou
des angles plans d'un cryftal eft fenfiblement droit , je le fuppofe tel en
toute rigueur. Je préfume que les per-
fonnes qui fe font exercées fur les matières phyfiques , trouveront ces fuppofitions extrêmement plaufibles. Il paroît
en effet qu'il y a certains points fixes
& certaines limites déterminées aux-
quels la Nature s'arrête dans le cours
de fes opérations & de fes mouvemens :
telle eft la direction fuivant la perpendiculaire ; telles font les égalités entre
certaines quantités du même ordre : en
forte que , quand nous ne pouvons appercevoir aucune différence entre les
réfultats de l'obfervation & les termes
abfolus dont il s'agit , on en conclut ,
avec toute la vraifemblance poffible, que
ceux-ci exiftent réellement tels qu'ils
nous paroiffent (1).

_____

(1) On a remarqué , par exemple , que la rotation
de la lune autour de fon centre avoit fenfiblement la

Après tout, quand même les suppo-
fitions dont je viens de parler ne feroient pas abfolument exactes en elles-
mêmes, tous les réfultats qui s'en dé-
duifent doivent être du moins regardés
comme des approximations fi voifines
des véritables réfultats, qu'il ne s'enfuit
aucune erreur appréciable pour nos
fens. Au défaut des données dont il
s'agit, j'ai été quelquefois obligé de
mefurer un ou deux angles des cryftaux,
& j'ai déduit de ces mefures la valeur
des autres angles (1).

---

même durée que fa révolution périodique, fans que
jamais on ait pu découvrir entre ces deux durées la
moindre différence appréciable. D'après cette obfervation,
les Aftronomes fe croient fondés à admettre une égalité
parfaite entre l'une & l'autre.

(1) Cette dépendance réciproque des différens angles
d'un cryftal, fuffiroit feule pour prouver que l'ufage de
la Géométrie n'eft pas auffi inutile qu'on pourroit le
croire dans l'étude des cryftaux. En évaluant l'un après
l'autre par des moyens mécaniques tous les angles
plans & folides d'un cryftal, on fe met infailliblement
dans le cas d'affigner des mefures incompatibles entr'elles,

Dans tous les cas où l'observation m'a fourni des données susceptibles d'une certaine précision, j'ai poussé l'évaluation des angles jusqu'aux secondes de degré ; dans les autres cas, je me suis borné aux minutes. Pour vérifier sur le crystal même les angles trouvés à l'aide du calcul, je me suis servi d'un instrument que j'ai fait construire exprès avec tout le soin possible ; & il m'a paru, ainsi que je l'ai déjà

& contradictoires aux principes de la Géométrie. Pour le peu que l'on soit versé dans cette Science, on sait que la valeur des différens angles d'un crystal suit aussi nécessairement de celle d'un ou deux premiers angles, que la valeur du troisième angle d'un triangle suit de celle des deux autres. D'ailleurs, en employant le calcul, on a la liberté de choisir pour angles fondamentaux ceux qui sont le mieux exprimés sur les cryftaux, dont il n'arrive que trop souvent que certaines parties sont sujettes à des déviations capables de mettre l'instrument en défaut. On peut aussi partir successivement de deux ou trois angles bien prononcés, pour comparer ensuite les différens résultats que l'on a obtenus, & parvenir à une plus grande précision, en rectifiant un résultat par l'autre.

dit , que les angles dont il s'agit étoient conftamment les mêmes que j'avois déterminés par la Trigonométrie. Les différences , s'il s'en trouvoit , étoient trop légères pour être attribuées à d'autres loix de décroiffement , & ne pouvoient être l'effet que de quelques petites déviations occafionnées par des circonftances particulières ; car il me femble que dans ce cas, comme dans une multitude d'autres , on doit regarder les réfultats que donne le calcul comme les limites dont la marche de la Nature s'approche d'autant plus , qu'elle eft moins gênée par l'action des caufes étrangères , fans lefquelles elle atteindroit toujours ces mêmes limites, & nous offriroit autant de précifion dans fes effets, qu'il y en a dans nos calculs.

La théorie que je viens d'expofer fournit un moyen facile pour fuivre tous les paffages d'une forme à une autre , & pour expliquer les facettes qui remplacent, dans certains cryſtaux, les angles ſolides ou les arêtes, & que j'appellerai, avec M. Daubenton, *façettes ſurnuméraires*. Par exemple, ſi des lames qui décroiſſoient ſimplement par leurs bords dans un cryſtal, viennent à décroître en même temps par quelques uns de leurs angles dans un autre cryſtal, celui - ci aura quelques faces de plus que le premier ; & ces faces ſeront tantôt verticales, tantôt plus ou moins inclinées, ſelon que les décroiſſemens ſe feront faits ſuivant une loi dont l'action aura été plus lente ou plus rapide. Mais ces inclinaiſons ne peuvent ſe faire que ſous un petit nombre de degrés différens, qui dépendent de la hauteur des molécules, & des loix qui agiſſent dans la Cryſtalliſation : en ſorte que le nombre des variétés d'un même cryſtal eſt néceſſairement limité. Lors donc que l'on dit que tel cryſtal n'eſt autre choſe qu'un premier cryſtal incomplet dans ſes arêtes ou dans ses angles solides., on énonce un fait dont la loi des décroissemens fournit l'explication. Il y a aussi des crystaux qui ne diffèrent, par rapport à d'autres crystaux, qu'en ce qu'ils sont plus alongés dans un certain sens; ou en ce qu'au lieu d'être simplement composés de deux pyramides appliquées base à base, ils ont un prisme interposé entre les deux pyramides, ce qui est encore une sorte d'alongement. Toutes ces espèces de transformations se déduisent des principes établis ci-dessus.

Mais il faut bien observer que, même en s'en tenant au simple énoncé des faits, on ne peut établir aucune méthode avantageuse pour exposer la gradation des formes dont un même crystal est susceptible, sans partir de la véritable forme primitive du genre, c'est-à-dire, comme je crois l'avoir prouvé, de celle que donnent les sections faites dans les crystaux, & les

autres indices de ſtructure combinés
avec les loix auxquelles eſt aſſujetti le
mécaniſme de cette ſtructure. Toute
marche qui n'eſt point dirigée vers ce
but, eſt eſſentiellement défectueuſe ;
parce qu'elle eſt contraire à la marche
de la Nature ; ou que ſi elle s'y rapporte quelquefois, ce n'eſt, pour ainſi
dire, que par accident, & non par une
ſuite des principes de la méthode, qui
ne peut être en elle -même qu'arbitraire.

De même, lorſqu'on indique le paſſage d'une forme à une autre par le
retranchement de certaines parties, ou
par l'alongement d'un cryſtal dans tel
ſens, il arrivera que ces indications
ſeront juſtes toutes les fois que la choſe
ſautera aux yeux, ſi j'oſe m'exprimer
ainſi, ou qu'il ſera impoſſible de ſe
tromper ſur la correſpondance des
angles. Mais ſi une nouvelle loi de
décroiſſement détermine dans une variété de cryſtal de nouveaux angles,

gles (1), qui se rapprochent sensible-
ment, par leur valeur, de ceux de la
forme primitive que l'on a adoptée :
alors, en estimant le sens dans lequel
cette forme aura varié, d'après des
moyens mécaniques qui ne peuvent
jamais donner avec précision la valeur
des angles, sur - tout lorsqu'on opère
sur de petits objets, on s'exposera à
prendre le passage d'une forme à une
autre à contre-sens de la structure ; on
confondra les angles secondaires avec
les angles primitifs, dont ils différeront
réellement, quoique d'une petite quantité, telle qu'un ou deux degrés ; ou bien
l'on assignera des valeurs différentes au
même angle que l'on aura mesuré sur
un second crystal sans le reconnoître.
Dans toutes les indications de ce genre,
il faut absolument prendre la structure

---

(1) On peut voir à l'article des spaths pesans
(n°. 41 & suiv.), plusieurs exemples de ces valeurs
rapprochées dans des angles qui tiennent cependant à
des circonstances très-différentes les unes des autres.

C

pour guide, fi l'on veut éviter les mé-
prifes dans lefquelles peut entraîner la
confidération ifolée des formes extérieures.

Il réfulte de ce que je viens de dire,
que toutes les formes fecondaires font
autant de variétés de la forme primitive, lefquelles peuvent être confidérées comme produites par excès ou par
défaut. Par exemple, la forme rhomboïdale du fpath d'Iflande eft la forme
primitive du genre des fpaths calcaires.
Prenons d'une autre part le fpath calcaire à douze plans pentagones : ce
dernier cryftal peut être conçu comme
formé par un noyau de fpath d'Iflande,
avec un furcroît de matière qui l'en-
veloppe, & le change en dodécaèdre ;
&, fous ce point de vue, le dodécaèdre fera une variété par excès du fpath
d'Iflande. Mais fi l'on fait attention,
d'un autre côté, que les lames furajoutées au fpath d'Iflande font reftées
incomplettes, foit par leurs bords, foit

par leurs angles dans le paſſage de la forme rhomboïdale à celle du dodécaèdre ; ou , ce qui revient au même, ſi l'on ſuppoſe que toutes les lames qui compoſent la matière environnante du noyau deviennent tout-à-coup complettes , en reprenant les parties qui leur manquent : alors le dodécaèdre deviendra un cryſtal rhomboïdal ſemblable au noyau , excepté que ſon volume ſera plus conſidérable ; & ce même dodécaèdre , enviſagé ſous cet aſpect , ſera une variété par défaut du ſpath d'Iſlande.

J'ai dit qu'on voyoit aſſez ſouvent des cryſtaux de différentes natures ſe préſenter ſous des formes ſemblables. La difficulté qui réſulte de cette reſſemblance ſe trouve en partie levée par les obſervations que j'ai faites ſur la ſtructure des cryſtaux. J'ai trouvé que ceux qui avoient la même forme étoient auſſi compoſés aſſez ordinairement de molécules, qui différoient entr'elles pour la figure, mais qui, par leurs diverses combinaisons, produisoient des polyèdres terminés de la même manière. C'est ainsi que le sel marin cubique & le spath phosphorique de la même forme, ont pour molécules, le premier des cubes, & le second des octaèdres.

Il est cependant très-probable qu'il y a des crystaux de nature différente, soit qu'ils aient ou non la même forme, qui sont des assemblages de molécules constituantes semblables entr'elles ; car celles-ci étant elles-mêmes des composés de molécules élémentaires, il se peut que différens principes, combinés de diverses manières, produisent des molécules constituantes de même forme ; comme on voit des molécules constituantes, différentes par leur figure, composer des polyèdres qui se ressemblent par l'extérieur. Ainsi, quoique l'on puisse assurer, ce me semble, que des crystaux, semblables entr'eux quant à leur forme, sont toujours de diffé-

rentes natures , lorfque les molécules
conftituantes dont ils font l'affemblage
ont des formes différentes , on n'a
pas droit d'admettre la propofition inverfe ; favoir , que quand les molécules
font femblables par leur figure , la nature des cryftaux eft auffi la même.
L'étude des cryftaux ne peut donc fervir,
comme je l'ai déjà remarqué , qu'à lever une partie de la difficulté dont il
s'agit. Pour en avoir l'entière folution,
il faudroit être en état de déterminer
la figure des molécules élémentaires ;
réfultat dont nous fommes encore bien
éloignés , malgré les progrès fenfibles
qu'a faits la Chymie dans ces derniers
temps.

Quelque fimples & vraifemblables
que m'euffent paru, dès le commencement, les différentes vues que je viens
d'expofer , j'étois bien déterminé à ne
pas m'en rapporter à mon propre juge-
ment. J'ai trouvé, fi j'ofe ainfi parler,
une récompenfe bien précieufe de cette

résolution dans les encouragemens que
j'ai reçus de M. Daubenton, qui, par
l'intérêt qu'il a pris à mon travail, &
par le conseil qu'il m'a donné de le
présenter à l'Académie, a mis le com-
ble aux obligations que je lui avois
déjà pour avoir guidé mes premiers pas
dans l'étude de l'Histoire Naturelle :
heureux si j'avois pu puiser en même
temps, dans ses leçons, cette justesse
de coup-d'œil; cette manière exacte &
précise d'étudier, de suivre, d'appro-
fondir un objet, qui en fait connoître
tous les points de vue, & n'en laisse
appercevoir aucune partie qui ne soit
bien éclairée ! L'application que j'ai
essayé de faire de la Géométrie à l'Histoire Naturelle, m'avoit mérité encore
l'accueil & les bontés de M. Bezout;
& personne n'a plus de motifs que moi
de partager les regrets de l'Académie,
qui pleure, dans ce Savant aimable &
vertueux, un de ses Membres les plus
illustres. M. de la Place, distingué éga-

lement, & par ses profondes recherches
sur plusieurs branches de calcul , &
par la variété de ses connoissances, a
bien voulu permettre aussi que je lui
fisse l'exposition de ma théorie, & m'ex-
citer à de nouvelles recherches, dont
le fruit a été la découverte des loix
auxquelles est soumise la structure des
cristaux. J'avoue qu'il est doublement
flatteur pour moi de pouvoir ici en
même temps acquitter ma reconnois-
sance, & citer en ma faveur des noms
aussi propres à inspirer la confiance.

Dans le temps où je commençois à
me livrer à l'étude de la structure des
cristaux, j'ai eu occasion de lire un
Mémoire de M. Bergmann sur la Crystallisation, qui se trouve parmi ceux
de l'Académie d'Upsal, pour l'année
1779. Le but de cet illustre Chymiste
est de rapporter la formation de différens cristaux à la figure du spath d'Islande, c'est-à-dire, d'un cristal rhomboïdal, dans lequel l'angle obtus de

C 4

chaque face est de $101°\frac{1}{2}$. Cette forme est comme la base sur laquelle travaille M. Bergmann, pour expliquer la formation de plusieurs spaths calcaires, de l'hyacinthe, du grenat dodécaèdre, de quelques schorls, & de la marcassite à douze plans pentagones. Il conçoit que ces différens cristaux sont formés par des plans tantôt constans & tantôt décroissans, qui s'accumulent sur les faces du rhomboïde central.

J'ai été frappé sur-tout de l'explication qu'il donne du spath calcaire à douze faces, qui sont des triangles scalènes (1) : on la trouvera exposée dans cet Ouvrage à l'article de ce cristal, N°. 33. Cette explication est très-bien vue, entièrement conforme à la Nature; & M. Bergmann l'a vérifiée lui-même par les fractures faites dans le cristal, comme je le dirai au même endroit:

_____

(1) C'est celui qu'on appelle vulgairement _dent de cochon._

& s'il eût également fuivi pour les autres cryftaux l'indication de la Nature; s'il ne fe fût point livré à des conceptions purement hypothétiques, qui ne s'accordent point avec l'obfervation, ainfi qu'on en pourra juger par la difcuffion où je fuis entré (N°. 26), au fujet de l'explication qu'il donne du fpath à douze plans pentagones, il eût ajouté l'honneur d'avoir obtenu un plein fuccès, à celui d'avoir publié le premier des vues fatisfaifantes fur la ftruéture des cryftaux (1).

Je dirai maintenant un mot du plan que je me fuis tracé dans cet Ouvrage. J'ai développé, avec le plus de clarté qu'il m'a été poffible, dans les deux premiers articles, les principes fur lef-

_____

(1) M. Bergmann a publié depuis, dans fes Opufcules chymiques, Tom. II, pag. 1ʳᵉ & fuiv., ce même Mémoire qu'il a fort étendu, & auquel il a ajouté de nouvelles vues fur la formation des premières molécules des cryftaux, mais qui n'ont aucun rapport avec la manière dont j'ai envifagé la Cryftallifation.

quels eſt fondée la théorie de la ſtructure des cryſtaux. Obligé de citer des
exemples, je les ai choiſis parmi les
cryſtaux dont la forme m'a paru la plus
ſimple. Les articles ſuivans renferment
des applications de cette même théorie,
faites principalement à ſix genres de
ſubſtances cryſtalliſées ; ſavoir, les ſpaths
calcaires, les ſpaths peſans, les ſpaths
fluors phoſphoriques, les gypſes, les
grenats, & les topazes de Saxe & du
Bréſil.

Je commence chaque article par déterminer la forme primitive du genre (1),
& en même temps celle des molécules

---

(1) J'ai pris le terme de *forme primitive* dans un
ſens moins ſtrict que je n'aurois pu le faire, en enten-
dant par cette forme celle des molécules conſtituantes.
La forme primitive, telle que je l'ai conſidérée dans
cet Ouvrage, eſt celle qui ne peut plus être diviſée
que par des ſections parallèles à ſes différentes faces,
& dont les lames, lorſqu'on les ſous-diviſe, donnent
toutes parties ſemblables entr'elles & aux molécules
conſtituantes, ſans aucun reſte. Cette manière de voir
m'a paru plus conforme à la marche de la Nature,

qui compofent les cryftaux de ce genre : de-là je paffe aux formes fecondaires, qui m'ont paru les plus remarquables. J'indique d'abord le développement du cryftal, qui en eft comme la définition. J'explique enfuite fa ftructure, & je détermine les loix des décroiffemens que fubiffent les lames dont il eft formé. Je déduis enfin de ces loix, la mefure des angles plans. Dans les calculs que j'ai été obligé de faire pour évaluer ces angles, j'ai tâché de réfoudre le moins de triangles qu'il m'a été poffible. On fait que les valeurs des logarithmes des finus, co - finus, tangentes, &c., ainfi que de ceux des nombres naturels, n'ont pu être trouvées que par approximation ; en forte que les réfultats aux-quels on parvient, après avoir réfolu une fuite de triangles, font néceffaire-

qui nous offre plus fouvent les cryftaux fous une forme telle que je viens de la définir, que fous celle qui re-préfenteroit rigoureufement la molécule conftituante du genre.

ment affectés de quelques légères er-
reurs. J'ai donc préféré, dans tous les
cas qui m'en ont paru fufceptibles, l'ufage
des équations „ dont les termes repréfentent toujours d'une manière rigou-
reufe le rapport des lignes qui fervent
de données pour parvenir à la folution
du problême. Outre l'avantage d'une
plus grande précifion dans les réfultats,
cette marche m'en a procuré un autre,
je veux dire celui de découvrir, dans
les cryftaux, quelques propriétés géométriques, qui, à la vérité, n'ont rien
de démonftratif par rapport à la théorie
que j'ai établie, mais qui m'ont paru
affez curieufes pour n'être pas négligées.
On en verra des exemples dans les fpaths
calcaires.

L'article qui termine cet Ouvrage
renferme quelques vues fur la formation
même des cryftaux, & fur la manière
dont je préfume que leur accroiffement
fe combine avec leur ftructure.

La nouveauté d'une théorie que je

regarde comme très-susceptible d'être
perfectionnée, & l'espace qui me reste
encore à parcourir pour arriver au terme
de mon travail, ne me permettent d'offrir
cet Ouvrage au Public que comme un simple Essai. Je me ferai un devoir de profiter
de toutes les remarques qui me seront
communiquées, & qui tendront à donner
plus de précision à mes résultats, ou à
rectifier ce qui ne se trouveroit pas exactement conforme à la Nature, dans les
explications que j'ai données de la structure des crystaux. Je me propose de
traiter, d'après les mêmes principes, le
plus grand nombre de substances crystallisées qu'il me sera possible. Je présume,
par les tentatives que j'ai déjà faites,
qu'il s'en trouvera plusieurs qui offriront
des indices trop légers de structure,
pour que l'on puisse rien prononcer à
cet égard d'une manière certaine. En
exposant alors mes idées, je ne les donnerai que pour de simples apperçus,
qui auront besoin d'être vérifiés par des

observations ultérieures, & qui, à ce
défaut, pourront du moins devenir, entre des mains plus habiles, une matière
de recherches plus profondes & plus
heureuses. Puissé-je trouver, dans l'accueil des vrais Savans, de nouveaux
encouragemens pour étendre mes vues,
multiplier les applications que l'on en
peut faire, & contribuer, autant qu'il
dépendra de moi, aux progrès d'une
Science, qui, récente encore, mais
cultivée de toutes parts & sous différens aspects par des Observateurs d'un
mérite très - distingué, fera sans doute
une époque intéressante parmi les divers
genres de connoissances dont notre siècle
a enrichi le domaine de l'esprit humain !

ESSAI
D'UNE THÉORIE
SUR LA STRUCTURE
DES CRYSTAUX,

Appliquée à plusieurs genres de substances crystalisées.

ARTICLE PREMIER.

De la structure des Crystaux en général, & de l'existence de la forme primitive renfermée dans chacun d'eux.

1. **P**OUR peu que l'on observe la Nature avec des yeux attentifs & avec un esprit libre de préjugés, on se convaincra facilement que

les minéraux font totalement dénués de l'efpèce d'organifation que quelques Auteurs leur
ont attribuée. Cette qualité fuppofe des vaif-
feaux deftinés à recevoir les fluides qui tendent
à s'y introduire, & un mouvement interne
capable de favorifer le cours de ces
fluides, & de contribuer au développement &
à la confervation de l'individu. Un examen
réfléchi des minéraux décèle au contraire un
défaut abfolu de jeu & de fouplesse dans leurs
parties internes, une fimple ftructure fans
organes & fans fonctions, en un mot, un
affemblage purement fymétrique de molécules
réunies fucceffivement les unes aux autres par
une force attractive, dont la nature & la manière
d'agir font encore peu connues, mais dont
l'exiftence eft atteftée par un trop grand nombre
de faits pour qu'on puiffe la révoquer en
doute.

2. Tout minéral qui fe préfente fous une
forme régulière, & dont les faces peuvent
être repréfentées par des figures géométriques,
porte le nom de *cryftal*. Il y a deux chofes à
confidérer dans la ftructure d'un cryftal : 1°. la
figure de fes molécules conftituantes ; 2°. l'arrangement qu'elles gardent entr'elles, & d'où
dépend la figure même du cryftal. J'entends
par *molécules conftituantes* celles qui, fufpendues

d'abord

d'abord dans le fluide où elles étoient en dissolution, se sont attirées mutuellement, & réunies pour former, par leur aggrégation, des polyèdres de figure régulière. Tout ce qui s'étend jusqu'à cette limite inclusivement, est du ressort de l'Histoire Naturelle. Le Chymiste, qui commence où finit le Naturaliste, décompose les crystaux jusques dans leurs molécules constituantes, pour y retrouver les premiers principes ou les élémens des corps.

3. Parmi les différentes formes sous lesquelles une même substance crystallisée peut se présenter, il y en a une que l'on doit regarder comme la forme primitive, dont toutes les autres ne sont que des modifications, quelque peu de rapport qu'elles semblent souvent avoir, au premier coup-d'œil, avec cette même forme à laquelle elles tiennent par une origine commune. Cette forme, indiquée par la Nature même, ainsi qu'on le verra bientôt, & non pas prise arbitrairement & comme au hasard, est dans le sel marin celle d'un cube parfait, dans le spath fluor phosphorique celle d'un octaèdre, dans d'autres genres de crystaux celle d'un solide rhomboïdal (1), dont les angles

_____

(1) J'appellerai, dans le cours de cet Ouvrage, *solide rhomboïdal*, ou simplement *rhomboïde*, un paralléli-

D

font plus ou moins ouverts, felon les différentes natures des fubftances cryftallifées. La
forme primitive paroît être le réfultat de la
cryftallifation la plus parfaite dont un minéral
foit fufceptible ; mais ce n'eft pas toujours
celle qui fe rencontre le plus ordinairement.
Le cube eft beaucoup plus commun dans le
genre des fpaths phofphoriques que l'octaèdre,
qui eft cependant la forme primitive de ce
genre de cryftaux. Toutes les formes qui diffèrent de la forme primitive, porteront, dans
cet Ouvrage , le nom de *formes fecondaires*.

4. On trouve un certain nombre de cryftaux
qui font affez tendres pour être divifés par le
moyen d'un inftrument tranchant. Avec un
peu de tâtonnement & d'habitude , on parvient à faifir les joints des lames dont ces
cryftaux font compofés, à détacher ces lames
les unes des autres, à fous-divifer enfuite chacune d'elles en parties régulières, & dont les
furfaces ont ce reflet brillant auquel on re-

·pipède obliquangle., dont les fix faces font des rhombes
tous égaux & femblables entr'eux. La dénomination de
rhomboïde, à laquelle les Géomètres ont attaché une
idée différente, m'a paru la plus fimple que je puffe
employer; elle eft fondée d'ailleurs fur l'analogie avec
les expreffions de *fphéroïde*, d'*ellipfoïde*, &c., qui
défignent des folides, & non de fimples furfaces.

connoît le poli de la Nature (1). Cette espèce
de dissection des crystaux offre des indices d'autant plus certains de leur structure, qu'on ne
peut diviser que dans un sens déterminé, pour
obtenir des portions de crystal à surfaces planes
& brillantes, toutes les sections que l'on tenteroit de faire dans d'autres sens ne produisant
que des fragmens d'une forme irrégulière, parce
qu'alors on brise au lieu de diviser.

5. J'ai observé que tous les crystaux qui se
prêtoient à ces sections renfermoient un noyau
de forme primitive, quelle que fût d'ailleurs

_____

(1) Il y a peu de pierres ou de sels crystallisés, qui
n'offrent des coupes nettes dans des sens parallèles au
moins à deux faces opposées de la forme primitive, &
sur lesquels on ne puisse faire une opération semblable
à celle que font les Lapidaires en clivant une pierre
précieuse. J'ai même trouvé un certain nombre de substances métalliques, qui se prêtoient à cette opération. Ces coupes une fois déterminées, la position des
autres faces se conclut beaucoup plus aisément des
autres indices de structure que l'on observe sur les crystaux. Cette différence de cohésion par rapport aux
diverses faces des molécules voisines dans certains crystaux, me paroît dépendre en grande partie de l'étendue
même de ces faces, & du nombre des points de contact,
qui sont plus multipliés sur les faces dont l'adhérence est
plus forte.

celle du cryftal fur lequel on opéroit ; en forte qu'en enlevant par des coupes fucceffives & parallèles toute la matière appliquée fur ce noyau, on pouvoit aifément le mettre à découvert. L'analogie & des indices extérieurs de ftructure, dont je parlerai dans la fuite, m'ont fervi à étendre cette obfervation aux cryftaux que leur trop grande dureté ne permet pas de divifer : en forte qu'il n'y a, ce me femble, aucun lieu de douter que ce ne foit un fait général pour tous les genres de fubftances cryftallifées. Pour éclaircir ce que je viens de dire par un exemple, je choifis de préférence le fpath fluor phofphorique cubique, à caufe de la fimplicité de fa forme.

Soit B D E N M L (*Pl.* I. *fig.* 1.), un de ces cryftaux cubiques. Si l'on effaye de le divifer par des fections parallèles à fes faces, on éprouvera une réfiftance confidérable ; & fi l'on parvient à vaincre cette réfiftance par des efforts réitérés, on n'obtiendra que des fragmens irréguliers : mais fi l'on dirige le plan coupant fuivant une ligne *g f* parallèle à la diagonale B E de l'une quelconque des fix faces, & que de plus on donne au même plan coupant, par rapport à cette face, une inclinaifon qui doit être à-peu-près de 54° &

demi (1), on enlevera fans peine la pyramide ou l'angle folide I g h f, dont la bafe fera un triangle équilatéral g f h. A quelqu'endroit que l'on tente d'entamer le cryftal, on trouvera par-tout la divifion également facile, pourvu que le plan coupant foit toujours dirigé dans le fens que j'ai indiqué; d'où il fuit qu'en faifant des fections parallèles, & prifes à de petites diftances dans la pyramide I g h f, on enlevera des lames triangulaires équilatérales, qui iront en croiffant uniformément vers le centre du cryftal.

· Suppofons la divifion continuée fucceffivement fur les huit angles folides du cryftal, & toujours dans des parties correfpondantes, & fituées à des diftances égales du centre. Lorfque l'on fera arrivé au milieu des côtés du cryftal, les fections voifines fe toucheront; &, paffé ce terme, elles s'entrecouperont mutuellement : de manière que les triangles équilatéraux refteront incomplets dans leurs fommets, & fe changeront en exagones, tels que a b c d f e (fig. 2). Dans les fections ultérieures, les petits côtés a b, c d, f e de ces exagones

_____

(1) La véritable mefure de cet angle eft de 54° 44', comme il eft facile de s'en convaincre par le calcul, d'après la difpofition du noyau.

s'accroîtront par degrés ; & il y aura un point
où l'exagone deviendra régulier comme *hopsri*.
Si l'on continue les sections au-delà de ce
point, les côtés *op*, *sr*, *ih* de l'exagone deviendront, à leur tour, les grands côtés, &
iront toujours en augmentant ; en sorte qu'enfin
la figure passera au triangle équilatéral *gnm*;
&, à ce terme, le noyau du cube sera découvert, & se présentera sous la forme d'un octaèdre à faces triangulaires équilatérales. On
peut encore faire dans ce noyau des sections
parallèles à ses différentes faces ; chacune même
des lames composantes du crystal dont il s'agit
(& il en faut dire autant de tous les autres
crystaux) peut aussi être sous - divisée par
des coupes parallèles aux faces du noyau.
Mais comme la structure du spath phosphorique présente une difficulté à résoudre, par
rapport aux parties dont il se trouve composé
en dernier résultat, lorsqu'on pousse la division
mécanique aussi loin qu'elle puisse aller, je
me borne, pour le moment, à la considération du noyau octaèdre que l'on en retire par
les sections désignées. Au fond, la forme du
noyau existe par-tout dans le crystal, puisqu'il
n'y a aucun endroit où l'on ne puisse faire des
sections parallèles aux faces d'un octaèdre.
Mais la manière d'opérer que j'ai indiquée, me

paroît jetter, plus de jour fur la ftructure des cryftaux, en faifant envifager la forme primitive comme une partie fondamentale commune à tous les cryftaux d'un même genre, dont elle occupe le milieu, & autour de laquelle tout le refte de la matière cryftalline fe trouve combiné de diverfes manières, felon les différentes variétés du cryftal.

6. Je ne prétends pas qu'un cube de fpath phofphorique ait commencé par un octaèdre d'un volume proportionné au fien, & qui auroit paffé enfuite à la forme du cube par une addition de lames, les unes exagones, les autres triangulaires. Les plus petits cryftaux que l'on puiffe appercevoir, à l'aide du microfcope, fur une gangue de fpath fluor, ont déjà la forme cubique, & fe feroient fans doute accrus par des fuperpofitions de couches fucceffives à furfaces quarrées, fi les circonftances euffent été favorables à cet accroiffement. La diftinction de ces couches fe manifefte dans plufieurs cryftaux par la diverfité de leurs teintes ou de leurs degrés de tranfparence. Je crois donc que l'opération de la Nature eft déterminée, dès le premier inftant, en vertu des loix de la Cryftallifation, à produire des cryftaux cubiques imperceptibles, dont chacun renferme déjà, comme noyau, un petit

octaèdre, lequel s'accroît en même temps que le cryſtal entier, avec lequel il conſerve toujours le même rapport en ſolidité & en ſurface. Ainſi, quand je parlerai des lames appliquées ſur le noyau d'un cryſtal, je ne conſidérerai la choſe que du côté de la ſtructure de ce cryſtal, ſans aucun égard à ſa formation. Les vues ſur leſquelles eſt fondée cette diſtinction, ſeront développées davantage par la ſuite, ainſi que la manière dont il me paroît que l'accroiſſement des cryſtaux ſe combine avec leur ſtructure.

ARTICLE II.

Des loix de décroiſſement auxquelles ſont aſſujetties les lames compoſantes des cryſtaux, conſidérées dans le paſſage de la forme primitive aux formes ſecondaires.

7. L'EXISTENCE de la forme primitive, dans chacun des cryſtaux ſecondaires, peut déjà nous aider à entrevoir la vérité d'un fait qui a été avancé par pluſieurs Auteurs, mais ſans qu'on en ait apporté aucune preuve claire & ſenſible : c'eſt que toutes les variétés d'un même cryſtal ſont originaires d'une forme unique, qui ſe modifie de différentes manières, ſelon

les divers changemens que des circonstances particulières apportent dans la loi primitive de la Crystallisation. Je vais essayer de mettre le fait dont il s'agit dans tout son jour, en considérant la structure des parties surajoutées au noyau dans les crystaux de forme secondaire. Cet examen tend à éclaircir un des points les plus importans de la théorie des crystaux, puisqu'il nous conduit à établir, par rapport à leurs lames composantes, des loix de décroissement, d'après lesquelles on peut déterminer d'une manière précise la figure de leurs molécules constituantes, & calculer, aussi rigoureusement qu'un objet de cette nature puisse le permettre, la valeur des angles plans ou solides de toutes les formes tant primitives que secondaires.

8. Proposons-nous d'abord un exemple tiré d'une crystallisation très-simple. Concevons un cube qui ne puisse être divisé nettement que par des sections parallèles à ses faces; supposons de plus six pyramides droites quadrangulaires, toutes de même hauteur, dont les bases quarrées, égales aux faces du cube, reposent sur ces mêmes faces : le solide alors se trouvera changé en un autre qui aura vingt-quatre faces triangulaires, composées de la somme des rebords de toutes les lames décrois-

santes, dont les pyramides font cenfées être l'affemblage. L'axe de ces pyramides pourra varier en hauteur, felon que les décroiffemens fuivront une loi plus ou moins rapide; & fi l'on imagine que cette loi foit telle qu'il eft néceffaire pour que les faces adjacentes des pyramides voifines fe trouvent deux à deux fur le même plan, le nombre des faces fera réduit à moitié, & l'on aura un folide dodécaèdre (*Pl. I, fig.* 3) à plans rhombes tous femblables & égaux entr'eux, avec un noyau de forme cubique. Je déterminerai plus bas la loi de décroiffement qui a lieu dans le cas du niveau des faces adjacentes dont je viens de parler.

En fuppofant le dodécaèdre divifible, il feroit facile de détacher fucceffivement toutes les lames décroiffantes appliquées fur le noyau; & comme ces lames ne peuvent être fous-divifées que par des fections parallèles aux faces de ce même noyau (5), ces fections faites à des diftances convenables, partageront chacune des lames compofantes en un certain nombre de cubes parfaits, excepté que, fur les côtés de ces lames, il ne femblera y avoir que des portions de cubes, à caufe de l'inclinaifon des rebords qui compofent les faces des pyramides. Ce défaut apparent d'uniformité dans la ſtructure du cryſtal, fait naître une difficulté dont je donnerai bientôt la ſolution.

Nous avons des cryſtaux de la forme que je viens de décrire, qui ſont trop durs pour être diviſés, mais dont la ſtructure s'annonce par des ſtries ou cannelures parallèles aux baſes *a d*, *d o*, *o e*, *a e*, &c., des pyramides ſurajoutées au noyau. La nature de ces cryſtaux n'eſt pas encore bien déterminée (1). Le grenat dodécaèdre a cette même forme, mais avec une ſtructure toute différente; & ce ne ſera pas la ſeule fois que nous verrons des cryſtaux entièrement ſemblables à l'extérieur, formés par des molécules qui diffèrent ſenſiblement entr'elles, ſoit pour leur figure, ſoit pour leur arrangement.

_____

(1) Je préſume que ces cryſtaux ſont de la même nature que l'hyacinthe de couleur brune, qui ſe trouve parmi les produits du Véſuve; car cette dernière s'explique très-naturellement par une ſuperpoſition de lames quarrées appliquées ſur deux faces oppoſées d'un cube ou d'un parallélipipède rectangle, & qui décroiſſent dans leurs angles par deux rangées de molécules. Les angles qui réſultent de ce décroiſſement ſont parfaitement égaux à ceux que donne l'obſervation. Mais ce n'eſt ici qu'une conjecture, qui a beſoin d'être appuyée par de nouveaux faits.

9. Les lames appliquées fur le noyau peu-vent décroître, non-feulement vers leurs bords, mais aufli vers leurs angles ; ce qui jette une grande variété dans les formes des cryftaux fecondaires. Eclairciffons ceci par un nouvel exemple tiré du fel marin octaèdre. On connoît maintenant des cryftaux factices de cette figure, que M. Rouelle a obtenue le premier, en faifant cryftallifer le fel dont il s'agit (1).

Soit donc *a b c d s* (*fig.* 4) un octaèdre de fel marin : on ne peut divifer cet octaèdre qu'en faifant des fections *o r g t* parallèles aux bafes communes des pyramides quadrangu-laires dont l'octaèdre eft formé. Les lames que l'on détache d'abord en partant de la pointe des angles folides, ont des figures quarrées, qui vont en croiffant uniformément vers le centre du cryftal. Il eft de plus évi-dent que les rebords de ces lames, en fup-pofant que celles-ci aient une certaine épaiffeur, font inclinés par rapport à leurs grandes faces.

(1) Je ne prétends pas examiner fi la forme octaèdre de ce fel dépend ou non de quelque principe particulier, qui auroit influé fur fa cryftallifation ; il fuffit, pour mon objet, que ce fel fe divife en cubes aufli nets & aufli bien prononcés que ceux qu'on retire du fel marin ordi-naire.

Si l'on fait des sections semblables succeſſive-ment ſur les ſix angles ſolides de l'octaèdre, lorſqu'on aura paſſé le milieu des arètes où les plans coupans ſe touchent, les ſections voiſines anticipant les unes ſur les autres, feront diſparoître les quatre angles des quarrés, qui ſe changeront en octogones, tels que *m r t u f p z x* (*fig.* 6). Dans les ſections ulté-rieures, les côtés *m x*, *z p*, *f u*, *r t*, de ces octo-gones iront en décroiſſant juſqu'à ce qu'enfin l'octogone ſoit revenu à la figure quarrée; &, à ce terme, le noyau cubique du cryſtal paroîtra à découvert.

Si l'on ſous-diviſe les lames quarrées que l'on avoit détachées d'abord, les lignes de ſection s'entrecouperont de manière à former des quarrés entiers vers le milieu des lames, & des triangles rectangles iſocèles ſur les bords, comme on le voit *fig.* 5. Les ſections faites pareillement dans les lames octogones, pro-duiront un aſſortiment de quarrés & de trian-gles, diſpoſés comme le repréſente la *fig.* 6; en ſorte que les lames quarrées que l'on pourra détacher du noyau, feront les ſeules qui aient leurs ſurfaces uniquement compoſées de petits quarrés. Pour avoir maintenant les dé-croiſſemens des lames par les angles, il ne faut que reprendre ces lames dans un ordre contraire à celui que je viens d'indiquer pour la divifion du cryftal, c'eft-à-dire, en allant du noyau à la furface de l'octaèdre.

10. Les joints qui réfultent de cette divifion femblent annoncer, dans la ftructure du cryftal, un défaut d'uniformité encore plus marqué que celui qui paroît avoir lieu par rapport au cryftal dodécaèdre dont j'ai parlé précédemment; car, dans celui-ci, les furfaces des lames de fuperpofition font uniquement compofées de figures toutes femblables entr'elles; il n'y a que l'inclinaifon qu'on obferve dans les rebords de ces lames qui puiffe faire quelqu'embarras. Mais le cryftal octaèdre préfente encore, outre cette inclinaifon, un mélange de quarrés & de triangles ifocèles fur les grandes faces des lames, fans qu'il foit poffible de fous-divifer mécaniquement aucun des quarrés en deux triangles; ce qui fembleroit lever au moins en partie la difficulté.

11. Il n'y a peut-être point de cryftal fecondaire dont la ftructure ne foit fujette à l'une ou l'autre de ces efpèces d'irrégularités : dans plufieurs même, on les obferve toutes les deux à-la-fois; en forte que fi l'on s'en tient aux fimples apparences, il ne femble pas qu'il foit poffible de concilier les faits clairs &

fénfibles auxquels conduit l'obfervation, avec cette unité que tout nous porte à admettre dans la compofition des corps qui appartiennent à une même fubftance. L'analogie feule qu'établit entre ces corps l'exiftence d'une forme primitive commune renfermée dans chacun d'eux, fait foupçonner entre les parties mêmes qui enveloppent le noyau, un rapport de figure plus parfait que celui qu'indique le premier apperçu de la ftructure.

On ne peut pas dire que les vraies molécules conftituantes des cryftaux foient femblables aux portions qui paroiffent manquer dans les petits cryftaux fitués fur le bord des lames de fuperpofition ; en forte que chaque cryftal feroit compofé ultérieurement de parties de la même figure que celles qui fe trouveroient fupprimées : car, comme il arrive affez fouvent que, dans un même cryftal, les lames décroiffent les unes par leurs bords, & les autres par leurs angles, ainfi que je l'ai dit plus haut, il eft aifé de voir que les parties fouftraites d'une part, ne peuvent reffembler à celles qui manqueroient de l'autre. Or, je le répète, il eft contre toute vraifemblance d'admettre pour molécules conftituantes d'un minéral, des corps de plufieurs formes différentes.

12. L'hypothèfe que j'ai adoptée pour réfoudre la difficulté dont il s'agit, eft, fi je ne me trompe, beaucoup plus fimple, plus naturelle, & fe trouve d'ailleurs confirmée par l'obfervation & par le calcul. Elle confifte à admettre dans le décroiffement des lames de fuperpofition, des fouftractions de molécules ou de cryftaux parfaitement femblables à ceux dont le noyau eft compofé, c'eft-à-dire, que chaque lame aura vers fes bords ou vers fes angles une ou deux rangées de molécules conftituantes de moins que la lame placée immédiatement au-deffous ; car j'ai obfervé tantôt l'une & tantôt l'autre de ces loix de décroiffement (1).

Suppofons, par exemple, que dans le dodécaèdre à plans rhombes dont j'ai expliqué ci-deffus la ftructure, une des faces du noyau cubique foit repréfentée par le quarré A D C B (*fig.* 7), les deux grandes faces de la première lame de fuperpofition par le quarré *c l m n*, celles de la feconde par *o p q s*, &c. Il eft évident que les décroiffemens fe feront par des fouftractions d'une fimple rangée de mo-

----

(1) Il fe trouve auffi des cryftaux dans lefquels les lames décroiffent par des fouftractions de trois rangées de molécules: mais ce cas eft rare.

léculès

lécules d'une figure exactement cubique; ce qui est, dans le cas présent, la loi que subissent les lames du cryftal, comme je le prouverai plus bas.

Si au contraire les furfaces citées étoient repréfentées fucceffivement par les quarrés A D C B, $opqs$, $uz^\delta x$, &c., alors les décroiffemens fe feroient par des fouftractions d'une double rangée de molécules; & la loi de ces décroiffemens ayant une action une fois plus rapide que dans le cas précédent, la hauteur des pyramides fuperpofées fur le noyau ne feroit que la moitié de ce qu'elle eft dans le dodécaèdre à plans rhombes. Dans l'un & l'autre cas, les faces du cryftal fecondaire ne feront que la fomme de toutes les arètes faillantes A D, cl, op, &c, qui, étant prefqu'infiniment rapprochées, à caufe de l'extrême petiteffe des molécules conftituantes, s'offriront fous l'afpect d'un plan continu. Mais, dans la réalité, ces faces feront fillonnées par une multitude de ftries ou de cannelures, nulles pour nos fens, fi le travail de la Nature a acquis tout le fini dont il eft fufceptible: car lorfque la cryftallifation aura été gênée par quelque caufe accidentelle, & que les décroiffemens des lames ne fe feront pas faits par des degrés parfaitement égaux, il pourra

E

y avoir fur les faces du cryftal des irrégularités qui fe manifefteront par des ftries fenfibles ; & c'eft ce qu'on obferve en effet fur un
affez grand nombre de cryftaux, & en particulier
fur ceux dont il s'agit ici.

13. Paffons maintenant aux décroiffemens
qui fe font vers les angles des lames, comme
dans le cryftal de fel marin octaèdre. Une
des faces du noyau étant toujours repréfentée
par le quarré ABCD (*fig.* 7), fi l'on fuppofe que les décroiffemens dont je parle fe
faffent par des fouftractions d'une fimple rangée
de molécules, ce qui eft le cas de l'octaèdre
dont il s'agit, comme on le verra bientôt,
il n'y aura de fupprimé, vers l'angle A, par
exemple, à la première fouftraction, que le
cube auquel appartient la petite face A *a c b*;
à la feconde fouftraction, les deux cubes indiqués par *a d r c*, *b c i e*, fe trouveront fup-
primés ; à la troifième, les trois cubes dont
les faces fupérieures font *d f v r*, *c r o i*, *e i y g*,
& ainfi de fuite : en forte que les rebords
des lames de fuperpofition feront compofés
fucceffivement des arètes terminées par les
points *a*, *b*; *d*, *c*, *e*; *f*, *r*, *i*, *g*; *k*, *v*, *o*, *y*, *h*,
&c. ; & comme les molécules conftituantes
font d'une fineffe extrême, & que les points
dont il s'agit font difpofés fur des lignes

droites *ab*, *de*, *fg*, *kh*, &c. (ce qu'il faut bien obferver), les faces du cryftal qui feront compofées de la fomme des arêtes auxquelles appartiènnent ces points, paroîtront, comme dans le premier cas, former un plan continu, quoique ce plan foit réellement tout hériffé d'autant de petites afpérités, qu'il y aura d'arètes faillantes. Enfin, comme il n'arrive pas toujours que toutes les conditions requifes pour une cryftallifation parfaitement régulière fe rencontrent à - la - fois, le défaut de quelqu'une de ces circonftances produira néceffairement, dans la matière cryftalline, une diftribution inégale; en forte que les faillies dont j'ai parlé venant à fe grouper en une multitude d'endroits, pourront devenir fenfibles, comme elles le font en effet, lorfqu'on examine, à l'aide d'une loupe, les furfaces de plufieurs des cryftaux fecondaires, où les décroiffemens fe font par les angles.

S'il y a deux rangées de molécules fouftraites fur les angles de chaque lame, alors les rebords des lames de fuperpofition fe trouveront alignés fucceffivement fuivant les droites *de*, *kh*, &c.; & fi l'on fait attention à la profondeur & à la figure des vuides que doivent laiffer, dans ce cas, les molécules fouftraites, on concevra qu'il doit y avoir,

E 2

non-feulement de fimples afpérités produites par les lignes anguleufes, telles que *drcie*, mais même des enfoncemens alignés dans le même fens que les ftries dont j'ai parlé plus haut. Auffi apperçoit-on quelquefois, dans ce même cas, de petites cannelures tranfverfales, comme je le dirai en expliquant la ftructure des cryftaux dont les faces offrent des indices de ces petites inégalités.

14. Remarquons que quand il ne fe fait fur les angles des lames que des fouftractions d'une fimple rangée de molécules, l'excès d'une lame fur l'autre eft mefuré à chaque angle par la moitié A*t* (*fig.* 7) de la diagonale d'une des faces de ces molécules: au lieu que dans le cas d'une fouftraction par deux rangées de molécules, le même excès eft mefuré par la diagonale entière A*c*. Dans les décroiffemens qui fe font fur les bords des lames, il eft clair que l'excès d'une lame fur l'autre a pour mefure la largeur *a c* d'une des petites faces des molécules conftituantes, ou le double *ai* de cette largeur, felon que les fouftractions fe font par une ou par deux rangées de ces molécules. Cette obfervation eft importante pour la fuite.

Les fections que nous faifons dans les cryf-taux nous trompent donc fur un point effentiel

de leur véritable ſtruĉture, en nous offrant
des parties qui paroiſſent différer les unes des
autres. La dernière de ces parties que nous
puiſſions détacher & appercevoir, eſt encore
compoſée; à meſure que nous multiplions les
coupes, les triangles diſpoſés ſur les bords
des lames deviennent plus petits; & enfin
nous les verrions s'évanouir entièrement, ſi
nos inſtrumens étoient aſſez délicats & nos
organes aſſez parfaits pour nous permettre
de pouſſer la diviſion mécanique d'un cryſtal
juſqu'au terme où elle ne nous laiſſeroit plus
aucun point de partage à ſaiſir.

Cette théorie ſe trouve confirmée par les
explications faciles & naturelles qu'elle fournit
de certains faits ſinguliers que nous offre la
Cryſtalliſation, & par l'accord qui ſe trouve
entre les angles calculés d'après le décroiſſement des lames, & ceux qu'on obſerve ſur
les cryſtaux eux-mêmes. C'eſt ce que je vais
éclaircir par quelques applications ſimples aux
cryſtaux dont j'ai déjà parlé dans cet article.

15. Le niveau des faces voiſines dans les
pyramides diſpoſées autour du noyau cubique
du cryſtal dodécaèdre à plans rhombes (8),
eſt une ſuite néceſſaire de la loi de décroiſſement la plus ſimple, je veux dire celle qui
ne ſuppoſe que des ſouſtraĉtions d'une rangée

de molécules conftituantes. Pour le prouver, foient $abcd, bfgc$ (*fig.* 8) deux faces contiguës du noyau ; foit ots un triangle dont le côté ot, couché fur le plan du quarré $bcgf$, mefure la quantité dont la face du noyau, repréfentée par ce quarré, dépaffe vers chacun de fes bords la première lame de fuperpofition ; foit st l'épaiffeur de cette lame : le troifième côté os fera néceffairement appliqué fur l'une dés faces rhomboïdales du cryftal fecondaire. Cela pofé, il eft évident que l'on aura $ot = st$, puifque chacune de ces lignes eft égale au côté d'une des molécules conftituantes, dans l'hypothèfe où il n'y a qu'une rangée de ces molécules qui foit fouftraite. Si l'on conçoit maintenant un fecond triangle ort difpofé comme le premier, par rapport à la face $abcd$, on aura $ri = io = ot = ts$. De plus, on a rt parallèle à io, & io également parallèle à ts : donc fi l'on mène la droite it, il fera facile de voir que les quatre lignes dont il s'agit ont leurs extrémités fupérieures fur une même droite ros ; & comme on peut appliquer le même raifonnement à toutes les autres lames de fuperpofition, il s'enfuit que la ligne ros, prolongée de part & d'autre du point o, tombera fur toutes les arêtes de ces lames, & par conféquent que les deux triangles adjacens, compofés de la fomme de ces arètes, font fur le même plan.

On obferve un grand nombre de cryftaux fecondaires, dans lefquels les faces produites par les rebords des lames furajoutées au noyau, fe trouvent deux à deux fur le même plan, comme dans le cryftal dodécaèdre dont il s'agit. Cette difpofition a d'abord quelque chofe de fingulier : il femble plutôt que les faces adjacentes, dans les pyramides voifines, devroient fe préfenter fous une multitude d'inclinaifons différentes, & que le cas où elles fe trouvent de niveau devroit arriver très-rarement. On conçoit à préfent comment ce même cas eft au contraire fi commun, puifque les décroiffemens dont il dépend font ceux qui fe font fuivant la loi la plus fimple & la plus régulière de toutes.

16. Tout triangle faifant la même fonction que le triangle *o s t*, ou *r i o* (*fig.* 8), prendra, dans le cours de cet Ouvrage, le nom de *triangle menfurateur*, parce qu'il fert à mefurer la loi des décroiffemens que fubiffent les lames de fuperpofition. Je ferai un ufage très-fréquent de ces fortes de triangles, dont la pofition, ainfi que le rapport de leurs côtés, varient felon les circonftances.

17. J'ai dit, (14) que les mefures des angles

auxquelles on parvenoit à l'aide de la même théorie, s'accordoient avec celles que donnoit l'obfervation. Prenons pour exemple le fel marin octaèdre, dont la ftructure a été expliquée plus haut.

Soit *abp* (*fig. 9*) une des faces de l'octaèdre, *ar* la hauteur de la pyramide quadrangulaire à laquelle appartient cette même face. Ayant mené *a o* perpendiculaire fur *b p*, la ligne *o r* fera elle-même perpendiculaire fur *ar*; & le point *r* étant le milieu de la bafe quarrée de la pyramide, on aura *or* = *b o*.

Concevons que *n c o* repréfente le triangle menfurateur, dans le cas préfent. *c n* fera le côté d'une des molécules cubiques qui forment la première lame de fuperpofition; & comme les décroiffemens fe font ici par les angles de ces lames, *oc* fera égal à la diagonale entière d'une des faces des molécules conftituantes (14), fi les fouftractions ont lieu par une double rangée de molécules, & fimplement égal à la moitié de la même diagonale, s'il n'y a qu'une rangée de fouftraite. Or, un coup-d'œil jetté fur le cryftal fuffit pour faire juger que l'on a *cn* plus grand que *c o*: donc il faudra fuppofer *c o* égal à la moitié de la diagonale du quarré. Cela étant, foit *c o* = 1; *c n* étant égal au côté du quarré, on aura $cn = \sqrt{2}$. Or, à cause des triangles semblables cno, rao, on pourra faire aussi $or = 1$, & $ar = \sqrt{2}$. Maintenant $\overline{ao}^2 = \overline{ar}^2 + \overline{or}^2 = 3$. De plus, $bo = or = 1$. Donc $ab = \sqrt{\overline{ao}^2 + \overline{bo}^2} = \sqrt{3 + 1} = 2$. D'ailleurs, il est évident que $bp = 2bo = 2$. D'où il suit que le triangle bap est non-seulement isocèle, mais équilatéral; c'est-à-dire, que chacun des trois angles de ce triangle est de 60°. Or, l'observation donne les mêmes angles; d'où il résulte que la loi de décroissement supposée est celle qui a lieu dans la formation du crystal.

18. La précision avec laquelle on trouve, à l'aide de la théorie que je propose, les angles exprimés en nombres ronds, & déjà déterminés d'une manière infiniment probable par l'inspection seule de la forme, comme ceux de l'octaèdre à faces équilatérales; cette précision, dis-je, assure les résultats du calcul, lorsqu'on applique celui-ci à des angles qui ne peuvent être exprimés que par des degrés joints à des minutes, secondes, & autres parties aliquotes du degré. Nous aurons souvent occasion, dans la suite de cet Ouvrage, de rencontrer de ces évaluations fractionnaires.

On verra auffi que la même théorie conduit à déterminer le rapport des diverfes dimenfions des molécules conftituantes, lorfque ce rapport n'eft point indiqué par la ftructure des cryftaux.

19. Quoique je n'aie obfervé jufqu'ici que des décroiffemens qui fe font par des fouftractions d'une ou de deux rangées de molécules, & quelquefois de trois rangées, mais très-rarement, il eft poffible qu'il fe trouve des cryftaux dans lefquels il y ait quatre ou cinq rangées de molécules fupprimées à chaque décroiffement, & même un plus grand nombre encore. Mais ces cas me femblent devoir être plus rares, à proportion que le nombre des rangées fouftraites fera plus confidérable, parce que la formation du cryftal s'écarte alors d'autant plus de la loi de décroiffement la plus fimple & la plus régulière, que nous avons vu être en même temps la plus ordinaire.

Il réfulte de tout ce qui précède, qu'un cryftal fecondaire eft fufceptible d'autant de formes différentes, que fes lames compofantes peuvent fubir de décroiffemens divers dans leurs bords ou dans leurs angles, de manière que les côtés ou les pointes des petites molécules qui termineront ces lames, fe trouvent de niveau. On conçoit donc comment le nombre des formes fecondaires eft néceſſairement limité, quoiqu'en ſe permettant de mutiler à volonté un cryſtal, ſans aucun égard à ſa ſtructure, on puiſſe concevoir pour une même ſorte de ſubſtance une infinité de formes diverſes.

ARTICLE III.

Application aux Cryſtaux de ſpath calcaire.

20. LA matière calcaire eft ſi généralement répandue dans l'intérieur du globe, & en même temps ſi ſuſceptible, à raiſon de ſon peu de dureté, d'être attaquée par l'eau qui en détache & en entraîne les molécules dans ſon cours, que l'on ne doit pas être ſurpris de la grande quantité de cryſtaux de cette nature que renferment les cavités ſouterraines. Ici, comme dans pluſieurs autres parties des règnes de la Nature, la variété ſemble le diſputer à l'abondance. Il eft peu de genres de cryſtaux où la Géométrie trouve plus à s'exercer, & où ces eſpèces d'enveloppes régulières, qui déguiſent la forme du cryſtal primitif, aient été modifiées de tant de manières différentes. Les joints des parties qui ont concouru à

l'accroiffement du fpath font d'ailleurs faciles
à faifir; les coupes que l'on tente d'y faire,
en fuivant ces mêmes joints, font nettes, d'un
poli vif & brillant, qui ne laiffe aucune équivoque fur la ftructure du cryftal, quoique
fouvent compliquée. Auffi fuis-je redevable
d'une grande partie des faits qui fervent de
fondemens à la théorie que j'ai propofée,
aux obfervations que j'ai faites fur ce genre de
cryftaux, où l'on trouve à-la-fois tout ce qui
peut favorifer des recherches de cette nature,
l'abondance de la matière & la facilité des
opérations.

Forme primitive.

SPATH CALCAIRE RHOMBOÏDAL, connu fous
le nom de *fpath d'Iflande.* Spath calcaire rhomboïdal obtus. DAUBENTON , *Tableau minéralogique.*

Développement. 6 rhombes égaux & fem-
blables entr'eux, tels que *a b c d* (*Pl. II , fig.* 10);
le grand angle *b a d* = 101° 32′ 23″; & par
conféquent le petit angle *a d c* = 78° 27′ 47″.

21. Ce cryftal étant la forme primitive du
genre, ne peut fe divifer que par des fections
parallèles à fes faces (5); ce qui donne de
petits rhomboïdes femblables entr'eux, & au
rhomboïde entier. Quant aux angles du rhombe,

je les ai déterminés par le calcul, d'après la
structure du spath calcaire en prisme à six
pans, terminé par deux faces exagones, comme
je l'expliquerai plus bas. Les valeurs trouvées
ne différent que de 2′ 13″ de celles qui sont
indiquées par M. de la Hire (a) ; car, selon ce
Savant, le grand angle du spath d'Islande est de
101° 30′.

Newton, qui a donné une explication de
la double réfraction si connue de la lumière à
travers ce même spath, assigne pour la valeur
du grand angle 101° 52′ (b). Ces différences
viennent sans doute de ce que l'on n'a encore
déterminé les angles dont il s'agit qu'en les
mesurant immédiatement sur le crystal même,
ou en mesurant les deux diagonales du rhombe,
pour déduire de leur rapport la valeur des
angles.

Forme secondaire.

SPATH CALCAIRE RHOMBOÏDAL A SOMMETS
TRÈS OBTUS. Spath calcaire rhomboïdal lenticulaire. DAUBENTON, *Tableau minér.*

Développement. 6 rhombes égaux & semblables entr'eux, tels que *g f p o* (*fig. 11*),

---

(a) Mémoires de l'Académie des Sciences, ann. 1710,
p. 679, édit. in-12.

(b) *Newtonis Optice*, Quæstio xxv.

dont le grand angle $fgo = 114°\,18'\,56''$, &
le petit angle $gop = 65°\,41'\,4''$.

22. La même fubftance, qui prend la forme
rhomboïdale du fpath d'Iflande, dans le cas de
la cryftallifation la plus parfaite, nous offre
encore, parmi fes diverfes modifications, deux
autres rhomboïdes, l'un à fommets très-obtus,
qui fait le fujet de cet article, & l'autre à
fommets aigus, qui fera décrit dans la fuite.

Concevons que les trois plans rhombes
$hcai$, $hctb$, $caot$ ($fig.$ 12), repréfentent
les trois faces fupérieures d'un cryftal de la
forme de celui dont il s'agit ici. Si l'on effaye
de divifer ce cryftal à l'aide d'un inftrument
tranchant fitué obliquement fur l'une des
arêtes, telle que ct, & dirigé de manière
qu'il paffe par des lignes px, pl, parallèles
aux diagonales cb, co, on détachera d'abord
une pyramide oblique à trois faces, dont la
bafe xpl fera la coupe même faite dans le
cryftal. Si l'on continue la divifion, toujours
fuivant des directions parallèles, on détachera
des lames triangulaires qui iront en croiffant uniformément, & dont les grandes faces
feront femblables au triangle xpl. On voit
aifément que la pyramide détachée par la
première fection, n'eft elle-même qu'un compofé de lames triangulaires, telles que celles

dont je viens de parler, & que l'on enleve-
roit les unes après les autres, en divisant depuis la base *x p l* de cette pyramide jusqu'à
son sommet *t*. L'angle supérieur *p* de toutes ces
lames est égal au grand angle *b a d* (*fig.* 10) du
spath d'Islande.

Si l'on fait alternativement des sections semblables sur les six arètes du cryftal, lorsqu'on
sera parvenu au milieu des côtés *h b*, *b t*, *t o*, &c.
(*fig.* 12), les facettes triangulaires produites
par le retranchement des angles solides, se
toucheront par leurs angles latéraux ; & si l'on
continue la division au-delà de ces points, &
toujours sur les six arètes, les triangles, tels
que *x p l* (*fig.* 15), anticipant alors les uns
sur les autres par leurs angles *x*, *l*, se changeront en pentagones *p u t h f*, dont la base *t h*
décroîtra, tandis que les côtés *u t*, *f h*, iront
en augmentant ; en sorte que le pentagone
parviendra par degrés à la figure du rhombe *p b e i*,
& à ce terme le noyau rhomboïdal paroîtra à
découvert.

En frappant sur les lames triangulaires ou
pentagonales que l'on a détachées à chaque
section, on voit ces lames se diviser en petits
rhomboïdes tous semblables au noyau ; & si
l'on imagine la division poussée assez loin pour
que les rhombes *p a c d*, *a t s c*, &c. repré-

fentent les faces des molécules conftituantes, on concevra (13) que les petits efpaces triangulaires *tgm*, *nʒh*, &c., difpofés fur la bafe des lames, font reftés vuides par la fouftraction des molécules qui auroient completté ces lames, dans le cas d'une cryftallifation plus parfaite. Cette ftructure eft indiquée à l'extérieur par des ftries ou fillons, qui ont exactement les mêmes directions que les lignes *bc*, *oc*, *gd*, *fd*, &c. (*fig.* 12). On verra bientôt la raifon de ces ftries.

Examinons maintenant, dans un plus grand détail, les différens états par lefquels paffent fucceffivement les lames de fuperpofition. Il eft aifé de voir d'abord, d'après la ftructure du cryftal, que les furfaces compofées de la fomme des bords fupérieurs *bc*, *oc*, *gd*, *fd*, &c., de ces mêmes lames, fe trouvent deux à deux fur le même plan. En appliquant ici le raifonnement que nous avons fait (15) par rapport au dodécaèdre rhomboïdal, dont les molécules font des cubes, on en conclura que les lames de fuperpofition du fpath dont il s'agit décroiffent dans leurs bords fupérieurs par des fouftractions d'une fimple rangée de rhomboïdes. Ce font ces décroiffemens qui occafionnent les ftries dont j'ai parlé.

Les côtés *ut*, *fh*, &c. (*fig.* 15), des pen-

tagones

tagones vont au contraire en croiſſant depuis
le noyau, puiſque le cryſtal lui-même continue
de croître dans les parties qui correſpondent
à ces côtés. Or, il eſt facile de concevoir
que ces accroiſſemens ſe font de la même manière que dans un rhomboïde ſimple de ſpath
d'Iſlande, qui augmenteroit en volume ſans
changer de forme. Il n'y a donc nulle difficulté
à cet égard.

Quant aux baſes inférieures, ſoit des pentagones, ſoit des triangles, elles reſtent conſ-
tamment ſur le même plan ſans décroître ; en
ſorte que ſi l'on conçoit qu'une des faces du
noyau ſoit repréſentée par le rhombe *a b c d*
(*fig.* 14), la ſurface ſupérieure de la première lame de ſuperpoſition ſera ſituée comme
le pentagone *f e g h n*, celle de la ſeconde
comme le pentagone *r i k m t* ; & ainſi de ſuite.

Pour prouver que les lames de ſuperpoſition ſont conſtantes par leurs baſes, j'obſerve
d'abord que le cryſtal peut être également diviſé
dans le ſens des petites diagonales *c b*, *c o*, *d g*, &c.
(*fig.* 12), & dans le ſens des lignes *h t*, *m s*, &c.,
qui coupent les premières à angle droit. Ces
ſecondes coupes ne ſont que les prolongemens de celles que l'on peut faire dans la
partie inférieure du cryſtal, parallèlement aux
petites diagonales des trois faces qui appar-

tiennent à cette même partie. Soit *h m s t* le rebord inférieur ou la base d'une des lames triangulaires que l'on détacheroit par une section faite dans le second sens ; soit *r ʒ* ou *e k* l'arète extérieure d'un des petits rhomboïdes qui occupent le rebord dont il s'agit : d'après la structure du cryſtal, l'arète *c b* se confond avec l'un des côtés du noyau ; donc cette arète eſt une ligne droite continue : d'où il suit que toutes les autres arètes *d g*, *q y*, &c., font pareillement des lignes droites continues. D'ailleurs, toutes ces lignes font évidemment fur un même plan. Donc tous les rebords *h m s t*, *m n x s*, &c., n'étant autre chofe que la fomme des petites lignes *r ʒ*, *e k*, &c., qui font partie des lignes *c b*, *d g*, &c., font auffi fur un même plan, fans qu'aucun dépaffe l'autre. En appliquant le même raifonnement à toutes les autres lames de fuperpofition, foit triangulaires, foit pentagonales, on concevra que les rebords inférieurs de ces lames font tous de niveau, ainfi que je l'ai annoncé.

La ſtructure du ſpâth que nous confidérons ici, eſt une des plus favorables pour prouver la théorie que j'ai propofée ; car les ſtries qui fillonnent les faces du rhomboïde font fi nettes & fi marquées fur une multitude de cryſtaux de cette variété, qu'elles annoncent fenfible-

ment les décroiſſemens des lames par les
ſouſtractions que j'ai ſuppoſé ſe faire ſur les
rebords correſpondans des mêmes lames. Mais
il eſt aiſé de voir que ces ſtries ne peuvent
pas exiſter, ſans que les rebords inférieurs où
les baſes des lames que l'on détacheroit par
les ſections *h t*, *m s*, perpendiculaires aux lignes *c b*, *d g*, &c., ne ſoient eux-mêmes den-
telés, puiſque ces rebords interceptent néceſſairement des petites portions de ſtries. Or,
cette eſpèce de dentelure eſt diſpoſée préci-
ſément de la manière qu'il eſt néceſſaire pour
laiſſer vuides les petits eſpaces triangulaires
ſitués à la baſe des lames dont le cryſtal eſt
compoſé; d'où il réſulte que l'exiſtence des
décroiſſemens ſur les rebords des lames, qui
eſt indiquée par les ſtries, aſſure en quelque
ſorte celle des décroiſſemens par les angles.

Quant aux angles plans de ce cryſtal, j'en
renvoie le calcul, ainſi que celui des angles
des cryſtaux qui vont ſuivre, à l'article où
je traiterai du cryſtal qui m'a fourni des données pour évaluer les angles de ſpath d'Iſlande, parce que ceux-ci ſervent enſuite à
déterminer les angles des autres cryſtaux calcaires.

SPATH CALCAIRE A SOMMETS TRÈS-OBTUS (a)
ET A FACETTES TRIANGULAIRES (*fig.* 17).
Spath calcaire rhomboïdal lenticulairé, avec
fix facettes triangulaires. DAUBENT. *Tableau
minéral.*

Développement. Six pentagones égaux &
femblables entr'eux, tels que $ghmnr$ (*fig.* 11),
& fix triangles ifocèles abg (*fig.* 13).

Angles du pentagone. $hgr = 114°$ 18' 56".
$ghm = grn = 95°$ 32' 6". $hmn = rnm =$
117° 18' 26".

Angles du triangle. $bag = 133°$ 12' 30". abg
$= agb = 23°$ 23' 45".

23. Ce cryftal n'eft autre chofe qu'une variété du précédent, qu'il faut concevoir incomplet dans les fix angles faillans du contour,
à la place defquels on obferve fix facettes
furnuméraires, de figure triangulaire, fituées
verticalement, en fuppofant que l'axe du cryftal foit lui-même dans une pofition verticale.

Nous avons vu (22) qu'en divifant le fpath
rhomboïdal à fommets très-obtus, on obte-
noit des lames triangulaires jufqu'aux points
où les plans coupans devenoient contigus les
uns aux autres. Concevons que ces lames,

_____

(a) C'eft celui qu'on appelle vulgairement *fpath calcaire en tête de clou.*

au lieu d'être conftantes par leurs bafes, comme
dans le fpath que je viens de citer, aillent en
décroiffant uniformément vers ces mêmes
bafes ; de manière que les facettes triangulaires *a b g* (*fig.* 17), qui réfulteront de ces
décroiffemens, foient fituées verticalement. Dans
ce cas, les fix grandes faces du cryftal deviendront des pentagones *c a b r k, c a g p n,* &c.,
& l'on aura un folide femblable à celui dont il
s'agit ici.

24. Cherchons maintenant la loi de décroiffement qui a lieu dans le cas préfent. Soit
a b e d g h (*fig.* 16), le noyau rhomboïdal du
cryftal. Soit *a b d g*, un quadrilatère formé par
les petites diagonales *a g, b d*, de deux faces
oppofées *a c g h, b f d e*, de ce même noyau,
& par les côtés *a b, d g*, compris entre ces
diagonales. Concevons enfin que *n o m* foit le
triangle menfurateur (16), dans lequel *n o* égale
le côté d'un des petits rhomboïdes compofans, & *n m* mefure la quantité dont l'une
quelconque des lames triangulaires excède
l'autre par fa bafe. Or, cette ligne *n m* eft
dans la direction de la petite diagonale
d'un des rhombes compofans ; donc puifque
les petits rhomboïdes, dont le cryftal eft l'affemblage, font fitués par rapport au noyau
de manière que toutes les dimenfions corref-

pondantes font refpectivement parallèles de part & d'autre, on aura *n m* parallèle à *a g*, *n o* parallèle à *d g*; & à caufe de la fituation verticale des facettes triangulaires, *m a* fera auffi parallèle à l'axe *a d* du cryftal. Donc le triangle *n o m* eft femblable au triangle *g d a*; donc *d g* : *a g* :: *n o* : *n m*. D'où l'on conclura aifément que *n m* eft la petite diagonale entière d'un des rhombes qui forment les faces des petits rhomboïdes compofans; c'eft-à-dire, que les décroiffemens (14) des lames triangulaires furajoutées au noyau, fe font par des fouftractions de deux rangées de molécules conftituantes.

SPATH CALCAIRE A DOUZE FACES PENTA-GONES (*fig.* 18). *Id.* DAUBENT. *Tab. minér.*

Développement. Six pentagones *g h m n r* (*fig.* 11), difpofés trois à trois à chaque fommet du cryftal. Six autres pentagones *r n t u k* (*fig.* 19), dont les angles fupérieurs font fitués alternativement en fens contraire, & qui forment les faces latérales du cryftal.

Angles du pentagone *g h m n r*. *h g r* = 114° 18′ 56″. *g h m* = *g r n* = 95° 32′ 6″. *h m n* = *r n m* = 117° 18′ 26″.

Angles du pentagone *r n t u k*. *n r k* = 133° 12′ 30″. *r n t* = *r k u* = 113° 23′ 45″. *n t u* = *k u t* = 90°.

25. Ce cryſtal ſe diviſe d'abord comme le ſpath à ſommets obtus & à facettes triangulaires (23), par des ſections obliques ſur les arêtes des pyramides, en lames triangulaires, dont le grand angle eſt de 101° 32′ 13″, juſqu'à ce qu'on ſoit arrivé aux points *m*, *n*, *k*, *e*, *z*, *x* (*fig.* 18), ou aux extrémités des baſes des pentagones qui forment les ſommets du cryſtal. Paſſé ces points, les lames triangulaires ſe changent en pentagones: & enfin lorſque les plans coupans ſe touchent, ce qui arrive quand les ſections tombent ſur les hauteurs *g o*, *g p*, &c.; des pentagones qui terminent le cryſtal, celui-ci ſe trouve changé en un autre, qui eſt auſſi à douze plans pentagones, mais dans lequel les faces des deux ſommets ſont diſpoſées en ſens contraire de celles du premier cryſtal. Le contour d'une de ces faces eſt repréſenté par le pentagone *g o c s p*. Si l'on continue la diviſion par des ſections parallèles à ces mêmes faces, les rectangles *n k u t* diminueront peu-à-peu en hauteur; & au point où ils auront entièrement diſparu, on aura un cryſtal ſemblable à un rhomboïde de ſpath d'Iſlande, mais incomplet dans les ſix angles ſolides du contour, qui ſeront remplacés par autant de facettes triangulaires iſocèles. Enfin, par des diviſions

ultérieures, on fera difparoître ces facettes, & l'on arrivera par degrés à un cryftal complet de la forme du fpath d'Iflande, c'eft-à-dire, au noyau du premier cryftal dodécaèdre.

26.. Pour tracer une des faces terminales *gocsp* (*fig.* 18), ou A H K D G (*fig.* 20), du cryftal à douze faces pentagones qui fe trouve engagé dans le premier, foit A B C E un rhombe femblable à celui du fpath d'Iflande. Par les points K, D, milieux des côtés B C, C E, faites paffer la droite K D. Du milieu *r* de cette droite, menez *r* H, *r* G, parallèles aux côtés A E, A B. Enfin, des points d'interfection H, G, abaiffez les droites H K, G D, fur les extrémités de la ligne K D ; la figure A H K D G fera le pentagone cherché.

La ftructure des lames dont les grandes faces font femblables à ce pentagone, eft indiquée par les divifions que préfente la figure. Il eft aifé de voir, d'après ce qui a été dit (24), que les rebords inférieurs de ces lames, fur lefquels on doit concevoir que les petits efpaces triangulaires K *a f*, *f u x*, *x z p*, &c., fe trouvent vuides, décroiffent, depuis le noyau, par des fouftractions de deux rangées de rhomboïdes. Quant aux rebords H K, G D, comme ils font partie des faces verticales qui réfultent, ainfi que je l'ai prouvé (24), d'une

loi de décroissement par des soustractions
d'une double rangée de molécules, ces rebords
ne sont composés que des arêtes terminées
par les points K, c, g, s, &c.; en sorte que
chacun des triangles K ac, cng, qui restent
vuides de ce côté, correspond toujours à deux
molécules constituantes.

Enfin, lorsque l'on continue la division sur
le rhomboïde incomplet de spath d'Islande dont
j'ai parlé plus haut, le pentagone A H K D G
revient par degrés à la figure du rhombe
A H r G, qui représente une des faces du
noyau, en passant par des figures eptagones
A H c f b d G, A H g x h m G, &c.

27. Il y a ici une remarque importante à
faire. On pourroit se tromper dans l'estimation
des décroissements qui se font vers les bases
D K des pentagones de superposition, en ne
faisant attention qu'à la distance de ces bases
par rapport à l'axe du crystal; car cette distance étant toujours la même, on en con-
cluroit que les lames sont constantes vers ces
mêmes bases. Les décroissemens, tels que je
les considère, consistent en ce que le rebord
de chaque lame est réellement dépassé d'une
certaine quantité par celui de la lame placée
immédiatement au-dessous. En effet, si les
rebords des lames étoient de niveau, tous

ces rebords, fe trouvant alors fur le même
plan que l'un quelconque d'entr'eux, qui eft
évidemment incliné, leur fomme formeroit
auffi des furfaces inclinées, au lieu que celles
dont il s'agit font verticales, en fuppofant
que l'axe lui-même ait une fituation perpendiculaire à l'horizon. Il réfulte de-là que,
quand les rebords d'une pile de lames font
difpofés en retraite par rapport aux faces du
noyau, ces lames doivent être cenfées décroître vers les rebords dont il s'agit, quoiqu'à confidérer leurs dimenfions abfolues,
elles duffent paroître conftantes, lorfqu'elles
augmentent d'un côté, à proportion qu'elles
décroiffent de l'autre.

La ftructure du fpath à douze plans pentagones, telle que je viens de l'expliquer, eft
très-différente de celle que lui a fuppofée
M. Bergmann (a). Cet illuftre Chymifte com-
pare le cryftal dont il s'agit à un grenat dodécaèdre, dont les fommets auroient leurs
faces rhomboïdales tronquées par les trois
angles extérieurs. Il attribue à ces deux
cryftaux la même formation; &, felon lui,
l'un & l'autre réfulte de l'accumulation d'une

_____

(a) *Opufc. Phyfica & Chemica.* Upfal, 1780, vol. II,
pag. 6.

multitude de pentagones égaux & femblables
fur les deux fommets pyramidaux d'un folide
rhomboïdal, qui auroit auffi fes faces tronquées par leurs trois angles extérieurs ; ce
qui change ces faces en des pentagones que
l'Auteur appelle *plans fondamentaux*. Cette
explication fuppofe d'abord que la forme originaire du grenat, & celle des fpaths calcaires,
font parfaitement femblables ; & M. Bergmann
avertit lui-même, dès le commencement de
fon Ouvrage, que fon but eft de ramener
plufieurs cryftaux, du nombre defquels eft le
grenat, à la forme du fpath d'Iflande, ou d'un
parallélipipède dont l'angle obtus eft de 101°
30' pour chacune des faces. Or, le grand
angle plan du grenat eft, comme je le prouverai, de 109° 28' ; ce qui établit d'abord
une diftinction très-fenfible entre les formes
primitives des deux genres de cryftaux. La
même explication fuppofe encore que l'angle
au fommet de chacun des pentagones qui
terminent le cryftal dont il s'agit ici, eft
égal au grand angle du fpath d'Iflande, quoiqu'il y ait entre ces deux angles une différence de près de 13°. D'ailleurs, felon
M. Bergmann, les *plans fondamentaux* peuvent
être tronqués : ce qui eft contraire à l'obfervation. Enfin, il réfulteroit de l'explication

donnée par ce Savant, que le fpath à douze plans pentagones pourroit être divifé par des coupes nettes dans des fens parallèles aux faces de fes deux fommets pyramidaux. Mais il en eft tout autrement, comme on peut s'en convaincre par l'expérience, d'après ce que j'ai dit ci-deffus.

SPATH CALCAIRE EN PRISME DROIT A SIX PANS, TERMINÉ PAR DEUX EXAGONES RÉGULIERS (*fig.* 21). Spath calcaire en prifme à fix pans. DAUBENT. *Tabl. minér.*

La définition feule de ce cryftal en indique le développement.

28. Le fpath dont il s'agit eft de tous les cryftaux calcaires celui qui s'éloigne le plus du noyau rhomboïdal par fa forme extérieure. Il a encore ceci de particulier, que rien n'indique, au premier afpect, les côtés divifibles du cryftal. Pour parvenir à cette divifion, il faut, après avoir incliné le plan coupant d'un angle de 45° fur l'une des bafes exagones du prifme, faire une épreuve par rapport à deux côtés contigus de l'exagone, en dirigeant les fections parallèlement à ces mêmes côtés. On s'appercevra qu'il n'y en a qu'un des deux fur lequel on puiffe détacher des lames nettes, & à furfaces polies. Suppofons

que ce soit le côté *g d*, alors on opérera sur
les côtés *g d*, *c n*, *q ꝫ*, en passant les côtés
intermédiaires *d c*, *n q*, *ꝫ g*; & pour diviser
le crystal dans sa partie inférieure, on prendra
les côtés *t f*, *h e*, &c., qui sont disposés alternativement par rapport aux côtés de l'exagone supérieur. Cette alternative de divisions
vient de la situation du noyau, dont les faces
répondent de part & d'autre à trois différens
côtés des exagones qui forment la base du
prisme.

Cela posé, les lames que l'on détachera
d'abord seront des trapèzes tels que *a m r o*,
dont la hauteur ira toujours en croissant, si
l'on suppose que le prisme lui-même ait assez
de hauteur pour que les sections supérieures
ne se confondent pas avec les inférieures; c'est-
à-dire, pour que les points *m*, *r*, *b*, *k*, restent
toujours distingués, tant que les plans coupans ne passeront point par l'axe du prisme.
On peut juger, par la seule inspection du
trapèze H G D K (*fig.* 20), de la structure
de tous ceux dont il s'agit, en observant toujours que les espaces triangulaires sont vuides
sur les quatre côtés du trapèze.

Au-delà des points *a*, *o*, *y* (*fig.* 21), où
les sections voisines se touchent, les trapèzes
anticipant les uns sur les autres par leurs

angles supérieurs, deviennent des exagones, tels que *es*K D*vi* (*fig.* 20), qui parviennent par degrés à la figure d'un pentagone semblable à AHKDG, & dont le sommet est sur la ligne H G. A ce terme, on a un solide à douze plans pentagones, entièrement semblable à celui que l'on retire (25) du spath calcaire décrit dans l'article précédent, & qu'il faut diviser de la même manière, pour retrouver le noyau du crystal.

Il est aisé de concevoir que les trapèzes & les autres figures dont ce crystal est l'assemblage, décroissent dans leurs parties inférieures par des soustractions de deux rangées de molécules constituantes (24), puisque les faces composées de la somme de leurs bases sont dans une situation verticale. Il ne s'agit plus que de déterminer la loi des décroissemens qui se font vers l'angle supérieur A (*fig.* 20) des pentagones dans le passage de ceux-ci à la figure du trapèze , lorsqu'on reprend les lames dans un ordre contraire à celui des divisions indiquées, c'est-à-dire, lorsqu'on part du noyau.

29. Soit toujours *a b d g* (*fig.* 16), une coupe géométrique du noyau semblable à celle qui a été indiquée (24). Soit *p s r* le triangle mensurateur, dans lequel on aura *p s* , égal à

la ligne qui doit donner la mesure des décroisse-
semens, sr égal au côté ou à l'arète d'une
des molécules constituantes, & pr situé parallèlement à bi, que je suppose mené de
l'angle solide b, perpendiculairement sur l'axe
ad du noyau. A cause des parallèles ps, ai,
d'une part, & sr, ba, de l'autre; les triangles spr, bai, sont semblables. Donc ba :
ai :: sr : ps. Or, ba est le côté du noyau;
ai est la moitié de la petite diagonale d'une
des faces du même noyau; sr est le côté d'une
des molécules constituantes : d'où il suit que
ps sera égale à la moitié de la petite diagonale d'une des faces des mêmes molécules;
c'est-à-dire, que les décroissemens se font (14),
dans la partie supérieure du crystal, par des
soustractions d'une simple rangée de petits
rhomboïdes.

Le crystal prismatique dont il s'agit, est
susceptible d'un grand nombre de variétés de
formes. Quelquefois le prisme n'a que très-
peu de hauteur; d'autres fois, les exagones
qui le terminent ont trois grands côtés &
trois petits. Il se trouve même de ces prismes
qui sont triangulaires. Mais, d'après les principes exposés, il sera toujours facile de ramener ces différentes variétés à une structure
commune, de trouver la position du noyau,

& de déterminer la loi des décroiſſemens que ſubiſſent les lames de ſuperpoſition.

30. Une obſervation que j'ai faite ſur ce même cryſtal, m'a fourni des données pour calculer les angles plans du noyau. Si, après avoir détaché un ſegment du priſme par une ſection oblique, faite, par exemple, dans la direction du plan *amro*. (*fig.* 21), on renverſe ce ſegment de manière que la face *amro* reſte appliquée ſur la partie dont elle a été détachée, & que la ligne *mr* ſe confonde avec la ligne *ao*, le quadrilatère *zmrq* ſe trouvera de niveau avec le plan de l'exagone *dgaonc*, ſans qu'il ſoit poſſible d'appercevoir la plus légère inclinaiſon entre ces deux plans. D'après cette obſervation, il eſt très-vraiſemblable que l'angle qui réſulte de l'inclinaiſon reſpective des deux plans *zmrq*, *amro*, eſt exactement égal à celui que fait le ſecond de ces plans avec *azqo*; d'où l'on conclura que le triangle *a'c'b'*, formé par les inclinaiſons reſpectives des trois plans, eſt non-ſeulement rectangle, mais iſocèle. Or, en faiſant attention que le plan *amro* eſt parallèle à la face correſpondante du noyau, ſi nous ſuppoſons que le ſolide repréſenté *fig.* 16, ſoit diſpoſé comme le noyau, il ſera facile de voir que le triangle *a'c'b'* (*fig.* 21) eſt ſemblable

blable au triangle *a t i* (*fig.* 16), compofé de la moitié *a i* de la petite diagonale du rhombe *a c g h*, de la ligne *i t* menée perpendiculairement fur l'axe, & de la portion *a t* du même axe. Donc le triangle *a t i* eft auffi rectangle & ifocèle.

Soit *a t* = *i t* = 1, on aura *a i* = $\sqrt{2}$; & à caufe que *t i* eft le rayon droit du triangle équilatéral *c h b*, formé par les trois grandes diagonales des faces fupérieures du rhomboïde, *i h* = $\sqrt{3}$, & par conféquent *a h* = $\sqrt{(a i)^2 + (i h)^2}$ = $\sqrt{5}$. Réfolvant le triangle rectangle *a i h* à l'aide de ces données, on trouvera pour le logarithme du finus de l'angle *i a h*, le nombre 9 8890756, qui répond à l'angle de 50° 46′ 6″ 30‴. Donc *c a h* = 101° 32′ 13″; & par conféquent le petit angle *a h c* eft de 78° 27′ 47″ (a).

31. Il eft facile maintenant d'évaluer les angles plans des autres cryftaux décrits précédemment. Prenons d'abord le fpath rhomboïdal à fommets très-obtus (22). On a pu obferver, d'après la ftructure de ce cryftal,

___

(a) On trouvera (35) ces angles déterminés par un fecond procédé, qui donne exactement le même réfultat.

G

que les petites diagonales cb, co (*fig.* 12), des deux faces voiſines, coïncident avec deux côtés d'une même face de noyau; en ſorte que l'angle bco eſt égal au grand angle des rhombes du ſpath d'Iſlande. Donc on peut repréſenter cb par $\sqrt{5}$, & bo par $2\sqrt{3} = \sqrt{12}$. Et à cauſe de $hr = \frac{1}{2}ht = \frac{1}{2}bo$; & de $cr = \frac{1}{2}cb$, on pourra faire auſſi $hr = \sqrt{12}$, & $cr = \sqrt{5}$. Réſolvant le triangle hrc à l'aide de ces données, il viendra pour la valeur du logarithme de la tangente de l'angle hcr, le nombre 10190105 6, lequel répond à l'angle de $57° 9' 28''$. Donc l'angle $hct = 114° 18'$ $56''$, & l'angle $chb = 65° 41' 4''$.

32. Paſſons à la recherche des angles du pentagone $ghmnr$ (*fig.* 11), qui donne les grandes faces du ſpath à facettes triangulaires (23). Ayant tracé ce pentagone par une méthode ſemblable à celle qui a été indiquée (27) pour le pentagone $AHKDG$ (*fig.* 20), nous aurons toujours $ge = \sqrt{5}$, & $fe = \sqrt{12}$.

Conſidérons le triangle mth. Par la conſtruction de la figure, nous avons $mt = \frac{1}{2}fe = \frac{1}{2}\sqrt{12} = \sqrt{3}$. De plus $ht = gr = \sqrt{sr^2 + gs^2}$. Or, $sr = \frac{1}{2}eo = \frac{1}{4}fe = \frac{1}{4}\sqrt{12} = \frac{1}{4}\sqrt{108}$,

D'ailleurs, $gs = \frac{1}{4} ge = \frac{1}{4} \sqrt{5} = \frac{1}{4} \sqrt{45}$.

Donc $ht = \frac{1}{4} \sqrt{108 + 45} = \frac{1}{4} \sqrt{153}$.
Extrayant les racines indiquées à moins d'un millième près, on trouve $mt = 1,732.$ $ht = 3,092.$ De plus, l'angle $htm = \frac{gop}{2} = 32°$ 50′ 32″. Le triangle hmt, résolu d'après ces valeurs, donne pour le logarithme de la tangente de la demi-différence des angles h & m, le nombre 9980 7272, qui répond à l'angle de 43° 43′ 42″. D'où l'on conclura que l'angle hmt, ou son égal tnr, est de 117° 18′ 26″; & l'angle thm de 29° 51′ 2″. Ajoutant ce dernier angle à l'angle $ght = 65°$ 41′ 4″, on aura l'angle ghm, ou son égal grn, de 95° 32′ 6″. Quant à l'angle hgr, nous avons déterminé (31) sa valeur, qui est de 114° 18′ 56″.

À l'égard des triangles abg (*fig.* 13), qui forment les facettes latérales du cryftal, il est clair d'abord que $ab = hm$ (*fig.* 11). Ayant abaissé de plus la ligne ax perpendiculaire sur bc, on aura $bx = mt$ (*fig.* 11). Or, les valeurs de ces lignes se déduisent aisément du calcul des angles du pentagone. Ces valeurs donneront l'angle bax, que l'on trouvera de 66° 36′ 15″. Donc $bag = 133°.$

12′ 30″; & *a b g*, ou fon égal *a g b*, eft de 23⁹ 23′ 45″.

Je ne dirai rien des angles du fpath à douze plans pentagones , parce qu'il fera facile , d'après les opérations précédentes, d'en trouver les valeurs.

SPATH CALCAIRE A DOUZE FACES TRIANGULAIRES SCALENÈS , connu fous le nom de *Dent de Cochon.* (*Pl. III, fig.* 22). *Id.* DAUB. *Tableau minér.*

Développement. Douze triangles fcalènes (*fig.* 23) égaux & femblables entr'eux. L'angle *e h g* = 101° 32′ 13″. *e g h* = 54° 27′ 30″. *g e h* = 24° 0′ 17″.

33. M. Bergmann a décrit avec beaucoup de vérité , dans l'Ouvrage dont j'ai parlé, la difpofition refpective des lames qui compofent ce cryftal, & s'eft affuré lui - même de cette difpofition, en obfervant les fractures faites dans le dodécaèdre. Ce Savant confidère le fpath dont il s'agit comme produit par l'accumulation d'une fuite de plans rhombes décroiffans, qui s'élèvent fur les faces du noyau, en reftant toujours contigus à l'axe par leur angle fuperieur. Dans ce cas , la fomme des bords extérieurs de tous les plans de fuperpofition forme les faces triangulaires

de deux pyramides exagones, dont les bases se trouvent réunies par une ligne anguleuse *acgh*, &c., composée des six arètes saillantes du noyau.

Cette explication indique la manière dont il faudroit diviser le cryftal, pour détacher toutes les lames dont il eft l'affemblage , & mettre le noyau à découvert. On conçoit aifément que chacune de ces lames peut être fous-divifée par des fections parallèles aux faces du noyau , en petits rhomboïdes femblables à ce noyau. C'eft auffi ce que m'a donné l'obfervation.

34. Selon M. Bergmann, les axes des pyramides feront d'autant plus longs, que le décroiffement des lames fe fera fait plus lentement , & *vice verfâ*. Cependant tous les cryftaux de cette variété, que j'ai obfervés , avoient les mêmes angles plans , en fuppofant que leur forme fût bien prononcée ; d'où il fuit que les axes des pyramides avoient auffi des hauteurs proportionnelles au volume des différens dodécaèdres. Ce fait tient à la loi des décroiffemens que fubiffent les lames du cryftal. J'ai trouvé qu'il falloit fuppofer que les fouftractions fe faifoient par une double rangée de molécules conftituantes, pour que les angles calculés d'après cette loi de dé-

G 3

croiſſement, fuſſent égaux à ceux du cryſtal.

35. Soit *acgh* (*fig.* 24.) une des faces du noyau, *geh* une des faces du dodécaèdre, & le quadrilatère *abdg*, le même qui eſt repréſenté *fig* 16. Menons *am*, prolongement de *ba*, juſqu'à la rencontre de *eg*; menons auſſi *hp*, *gz*, perpendiculaires ſur l'axe *ed*.

La méthode que je vais employer pour chercher les angles du cryſtal dont il s'agit, ſervira à la-fois à démontrer deux propriétés géométriques aſſez ſingulières du ſolide repréſenté par ce cryſtal, comparé avec le noyau. L'une conſiſte en ce que la partie *ae* de l'axe qui dépaſſe le noyau, eſt égale à l'axe même *ad* de ce noyau.

Voici la ſeconde propriété. *aegh* étant, comme je l'ai dit, une des faces du noyau, ſi de l'angle *c* on mène *ct*, qui coupe le côté *ah* en deux également, le triangle *act* ſera ſemblable à chacune des faces du cryſtal ſecondaire, avec cette différence que celles-ci auront leurs côtés doubles des côtés correſpondans du même triangle.

Conſidérons d'abord le triangle menſurateur *kig*. Puiſque les lames de ſuperpoſition décroiſſent ici par les bords, ſi l'on ſuppoſe dans chaque lame deux rangées de molécules ſouſtraites, comme j'ai reconnu que cela étoit

néceffaire, nous aurons ig égal à deux fois
la petite diagonale d'une des faces de ces
molécules, & ik égal au côté de ces mêmes
molécules. Or, à caufe des triangles femblables mag, kig, on a $gi : ik :: ga : am$.
D'où il eft facile de conclure que ga étant la
petite diagonale d'une des faces du noyau,
am fera égal à la moitié du côté d'une des
mêmes faces. Donc $am = \frac{1}{2} dg$. Maintenant
les triangles femblables eam, edg, donnent
$dg : am :: ed : ea$. Donc $ed = 2ea$, & ad
$= ac$; ce qui étoit la première propriété à
démontrer.

Cherchons maintenant la valeur abfolue de
l'axe ad. L'angle $ga\zeta$ étant de 45° (30),
le triangle rectangle $ag\zeta$ eft ifocèle. Donc $a\zeta =$

$$\sqrt{\overline{ag}^2 - \overline{g\zeta}^2} = \sqrt{8 - 4} \quad (30); \text{ ou } a\zeta$$

$= 2$. De plus, $d\zeta = \sqrt{\overline{dg}^2 - \overline{g\zeta}^2} = \sqrt{5 - 4}$

$= 1$. Donc ad ou $ae = a\zeta + d\zeta = 3$; d'où
il fuit que $e\zeta = 5$. D'après ces valeurs, on

aura $eg = \sqrt{\overline{e\zeta}^2 + \overline{g\zeta}^2} = \sqrt{25 + 4} =$

$\sqrt{29}$.

Il ne refte plus qu'à chercher eh. Or, $eh =$

$$\sqrt{\overline{pe}^2 + \overline{ph}^2} = \sqrt{(ea + pa)^2 + \overline{g\zeta}^2} =$$

$$\sqrt{(ea+d\zeta)^2 + \overline{g\zeta^2}} = \sqrt{(3+1)^2 + 4}$$

$= \sqrt{20}$. Nous avons donc dans le triangle egh, $eg = \sqrt{29}$, $eh \sqrt{20}$, $gh = \sqrt{5}$ (30). Il faut prouver maintenant que ces valeurs font doubles de celles des côtés du triangle act.

Du point t, abaissons tx perpendiculaire sur ch; nous aurons $cx = \frac{3}{4}ch = \frac{3}{4}\sqrt{12}$ (30), & $tx = \frac{1}{2}ao = \frac{1}{2}\sqrt{2}$. Donc $ct = \sqrt{cx^2 + tx^2}$

$= \sqrt{\frac{108}{16} + \frac{1}{2}} = \sqrt{29}$.

D'ailleurs, $ca = \sqrt{5} = \frac{1}{2}\sqrt{20}$; & $at = \frac{1}{2}ca = \frac{1}{2}\sqrt{5}$. Partant, la seconde propriété indiquée est également démontrée.

Il suit de-là que l'angle ehg, qui est le plus grand des trois angles plans de l'une quelconque des faces du crystal secondaire, est parfaitement égal au grand angle cah des rhombes du spath d'Islande. Quant aux deux autres angles, il sera facile de les déterminer, d'après les données que nous avons trouvées ci-dessus. On aura pour le logarithme du sinus de l'angle egh, le nombre 9910461 6, qui répond à 54° 27′ 30″; d'où il résulte que le troisième angle $geh = 24°$ 0′ 17″.

Si l'on se proposoit de résoudre le problême inverse , c'est-à-dire , si l'on prenoit pour donnée l'égalité des angles *ehg, cah*, laquelle est sensible par l'observation faite d'une part sur le crystal secondaire, & de l'autre sur un crystal d'Islande, on trouveroit que ces deux angles ne peuvent avoir d'autre valeur que celle de 101° 32′ 13°.

Pour le prouver , ayant déja les mêmes lignes que ci-dessus, menons *op , hr*, perpendiculaires , l'une sur *ez*, l'autre sur *eg*. Soient *ez* $=x$, $gz = ph = a$. Les décroissemens des lames de superposition se faisant toujours suivant la loi indiquée ci-dessus, on aura, ainsi que je l'ai prouvé, $ea = ad$; & $az = \frac{2}{5} ez = \frac{2}{5} x$.

Cherchons d'abord l'expression algébrique de la surface du triangle isocèle *cah*. Cette surface est $ao \times oh = \sqrt{\overline{op^2 + ap^2}} \times \sqrt{\overline{ph^2 - op^2}}$. Mais $op = \frac{1}{2} gz = \frac{1}{2} a$. $ap = \frac{1}{2} az = \frac{1}{5} x$. Substituant $ao \times oh = \sqrt{\frac{1}{4} a^2 + \frac{1}{25} x^2} \times$

$\sqrt{a^2 - \frac{1}{4} a^2} = \sqrt{\frac{3}{16} a^4 + \frac{3}{100} a^2 x^2} =$

$\sqrt{\frac{25.}{25.} \frac{3}{16} a^4 + \frac{4. 3.}{4. 100} a^2 x^2} = \sqrt{\frac{75}{400} a^4 + \frac{12}{400} a^2 x^2} =$

$\frac{1}{20} \sqrt{75 a^4 + 12 a^2 x^2}$.

Evaluons maintenant la surface du triangle egh. Cette surface est $\frac{1}{2}eg \times hr$.

Or, $eg = \sqrt{g\overline{z}^2 + e\overline{z}^2} = \sqrt{a^2 + x^2}$.

De plus, $eg : eh + hg :: eh - hg : er - gr$.

Mais $eh = \sqrt{h\overline{p}^2 + e\overline{p}^2} = \sqrt{a^2 + \frac{16}{25}x^2}$.

$hg = ah = \sqrt{h\overline{p}^2 + a\overline{p}^2} = \sqrt{a^2 + \frac{1}{25}x^2}$.

Substituant, la proportion deviendra $\sqrt{a^2 + x^2} : \sqrt{a^2 + \frac{16}{25}x^2} + \sqrt{a^2 + \frac{1}{25}x^2} :: \sqrt{a^2 + \frac{16}{25}x^2} - \sqrt{a^2 + \frac{1}{25}x^2} : er - gr$. D'où l'on tire $er - gr$

$$= \frac{a^2 + \frac{16}{25}x^2 - a^2 - \frac{1}{25}x^2}{\sqrt{a^2 + x^2}} = \frac{\frac{3x^2}{5}}{\sqrt{a^2 + x^2}}$$

$$= \frac{3x^2}{5\sqrt{a^2 + x^2}}.$$ Donc gr, qui est la plus petite des deux quantités, sera égal à $\frac{1}{2}eg$

$- \frac{1}{2}(er - gr) = \frac{1}{2}\sqrt{a^2 + x^2} - \frac{3x^2}{10\sqrt{a^2 + x^2}}$

$$= \frac{5a^2 + 2x^2}{10\sqrt{a^2 + x^2}}.$$ Donc $gr^2 = \frac{25a^4 + 20a^2x^2 + 4x^4}{100\,a^2 + 100\,x^2}$.

Or, $hr = \sqrt{h\overline{g}^2 - g\overline{r}^2} =$

$$\sqrt{\frac{a^2 + \frac{1}{25}\, x^2 - 25\, a^4 - 20\, a^2\, x^2 - 4\, x^4}{100\, a^2 + 100\, x^2}} =$$

$\sqrt{\frac{75\, a^4 + 84\, a^2\, x^2}{100\, a^2 + 100\, x^2}}$. Donc la furface du trian-

gle egh fera $\frac{1}{2}\, eg \times hr = \frac{1}{2}\sqrt{a^2 + x^2} \times$

$\sqrt{\frac{75\, a^4 + 84\, a^2\, x^2}{100\, a^2 + 100 x^2}} = \frac{1}{20}\sqrt{75\, a^4 + 84\, a^2\, x^2}$.

Maintenant, fi l'on prend fur eh la partie hs égale à gh, & que l'on mène gs, il eſt clair qu'à cauſe de l'égalité des angles ehg, cah, & de celle dés lignes ac, ah, gh, hs, le triangle ghs fera femblable & égal au triangle cah. Or, les triangles ghs, ghe, ayant pour hauteur commune une perpendi-culaire qui feroit abaiſſée de l'angle g fur eh, prolongée autant qu'il eſt néceſſaire, font entr'eux comme leurs baſes sh, eh. Donc les triangles cah, egh, feront auffi comme les lignes ah, eh, ou comme $\sqrt{a^2 + \frac{1}{25}\, x^2}$:

$\sqrt{a^2 + \frac{16}{25}\, x^2}$.

Reprenant les expreſſions de ces deux trian-gles, telles que nous les avons trouvées plus haut, nous aurons $\frac{1}{20}\sqrt{75\, a^4 + 12\, a^2\, x^2}$:

$\frac{1}{20}\sqrt{75\, a^4 + 84\, a^2\, x^2}$ :: $\sqrt{a^2 + \frac{1}{25}\, x^2}$:

$\sqrt{a^2 + \frac{16}{25}\, x^2}$. Supprimant les fractions $\frac{1}{20}$,

& les signes radicaux ; puis égalant le produit des extrêmes à celui des moyens, $75 a^6 + 12 a^4 x^2 + 48 a^4 x^2 + \frac{192}{25} a^2 x^4 = 75 a^6 + 84 a^4 x^2 + 3 a^4 x^2 + \frac{84}{25} a^2 x^4$.

Réduisant & divisant tout ce qui reste par $a^2 x^2$, on aura $\frac{108 x^2}{25} = 27 a^2$, & $108 x^2 = 675 a^2$. Divisant par 3, $36 x^2 = 225 a^2$. Extrayant les racines, $6 x = 15 a$; donc $a = \frac{6}{15} x = \frac{2}{5} x$. C'est-à-dire, que $gz = \frac{2}{5} ez = az$. D'où il suit que $po = ap$, & que le triangle rectangle apo est isocèle : ce qui est précisément la même donnée, d'après laquelle nous avons trouvé (30) que l'angle cah étoit de 101° 32′ 13″.

SPATH CALCAIRE RHOMBOÏDAL A SOMMETS AIGUS (a). Spath calcaire rhomboïdal aigu. DAUBENTON, *Tableau minér.*

Développement. Six rhombes égaux & semblables entr'eux. L'angle bac (*fig.* 27) au sommet du crystal est de 75° 31′ 20″. L'angle $abg = 104$° 28′ 40″.

(a) On a donné aussi à ce spath les noms de *spath muriatique* , *spath coquillier*, parce qu'on le trouve souvent dans les coquilles fossiles.

36. Voici la troifième forme rhomboïdale que nous offrent les fpaths calcaires. Elle eft diftinguée de celles dont j'ai déjà parlé (21 & 22), en ce que fes deux fommets font compofés de trois angles aigus, au lieu que dans les deux autres fpaths cités, ces mêmes angles font obtus.

Suppofons que *abgc, acfe (fig. 25)*, repréfentent deux des faces qui fe réuniffent trois à trois, pour former un des fommets aigus de ce cryftal, & que *cghf* foit une des faces qui forment le fommet oppofé. Pour divifer le rhomboïde par des coupes nettes, il faut que les fections fe faffent parallèlement aux arêtes *ac, ab, ae,* &c., en paffant par des lignes *im, ln,* &c., également éloignées de ces arêtes. Cela pofé, on détachera d'abord des lames pentagones, telles que *aimnl*, dont l'angle *ial* au fommet fera de 101° 32′ 13″, comme celui du fpath d'Iflande, & dont les deux angles *mn*, fur la bafe, feront droits. Ces lames croîtront en largeur à chaque fection, en même temps qu'elles décroîtront en hauteur. Lorfque l'on fera arrivé au point où les fections voifines fe toucheront, c'eft-à-dire, au milieu des côtés *bg, cg, cf, ef,* &c., le cryftal fe trouvera changé en un autre, qui aura fix faces pentagones femblables à *abghl* (*fig.* 26); lesquelles seront des portions d'un rhombe *acek*, avec six facettes triangulaires isocèles *ihp* (*fig.* 27), qui seront le résidu des faces primitives du cristal, & qui auront leur base *hp* égale à la base *gh* (*fig.* 26) des pentagones, & leurs côtés adjacens & égaux aux côtés *lh* des mêmes pentagones. Au-delà des points de contact dont j'ai parlé, les sections anticipant les unes sur les autres, feront disparoître les angles *g*, *h*, des pentagones; en sorte que ceux-ci passeront successivement par les figures *abstuxl*, *abndrl*, &c., jusqu'à ce qu'ils soient parvenus à la figure du rhombe *abol*; & à ce terme, on aura le noyau du cristal.

Si l'on fait des sections dans quelqu'une des lames pentagones *abghl*, dont j'ai parlé d'abord, on s'apperçoit que ces lames ne sont qu'un assemblage de rhomboïdes semblables à celui du spath d'Islande, avec des vuides triangulaires, disposés tant sur la base *gh*, que sur les côtés *bg*, *lh*, & qui sont produits par des souftractions de molécules constituantes, comme je l'ai déjà expliqué. Quant aux lames, soit eptagones, comme *abstuxl*, soit exagones, comme *abndrl*, que l'on détache, passé le point où les sections voisines se touchent, il est aisé de juger, par la seule inspection de la *figure 26*, qu'elles ne font pareillement qu'un assemblage de molécules semblables à la forme primitive.

37. Cette structure fournit des données pour calculer rigoureusement les angles plans du crystal dont il s'agit. Soit *abgc* (*fig. 27*), une des faces de ce crystal. Si l'on divise cette face, en faisant passer les droites *rp*, *sh*, *hp*, par le milieu des côtés, il est aisé de voir que le triangle *ihp* représentera ce qui reste de la face *abgc*, lorsque les sections faites successivement sur les différentes arêtes du crystal, indiquées plus haut (36), sont parvenues à leur point de contact. Or, le triangle *ihp* étant semblable au demi-rhombe *abc*, toute l'opération se réduit à trouver l'angle *pih*. Remarquons que $ph = gh$ (*fig. 26*) $= bl$, qui est la grande diagonale d'une des faces *abol* du noyau. De plus, pi (*fig. 27*) $= lh$ (*fig. 26*, $= \dfrac{ae}{2} = ao$, qui est la petite diagonale du même rhombe. Donc $ph = \sqrt{3}$ (*fig. 27*), & $pi = \sqrt{2}$. Le triangle *pni*, résolu d'après ces valeurs, donne pour le logarithme du sinus de *pin*, le nombre 9787015 6, qui répond à l'angle de 37°. 45′ 40″. Partant, l'angle *pih*, ou son égal

c a b, fera de 75° 31′ 20″; d'où il fuit que le grand angle *a b g* du rhombe eft de 104° 28′ 40″.

38. Cherchons maintenant la loi des décroiffemens que fubiffent les lames ajoutées au noyau. Mais obfervons, avant tout, que ces lames, prifes en partant du noyau, croiffent vers leurs bafes, en même temps qu'elles diminuent dans le fens de leur largeur; de forte que la première de ces variations eft une fuite néceffaire de la feconde. Il faut prouver maintenant que l'une & l'autre fe font par une fimple rangée de molécules. Commençons par les décroiffemens qui ont lieu fur les angles latéraux des lames de fuperpofition. Soient *g t e h o*, *g o k n r*, *a p s k h* (*fig*. 29. A), trois des grandes faces du cryftal, en le fuppofant parvenu au point où il auroit fix faces pentagones, & fix facettes triangulaires ifocèles, dont une eft repréfentée par *o h k*. Nous avons vu (36) que les fections faites dans le rhomboïde conduifoient à un folide de cette forme. Soient de plus *g c b u*, *b p l u*, *g u l x*, les rhombes dont les pentagones cités font partie. Ayant mené la diagonale *u x*, imaginons une nouvelle lame pentagone, qui feroit appliquée fur la face *g o k n r*. Cette lame fera néceffairement plus

troite

étroite que celle à laquelle appartient cette même face. Soit $qy\zeta$ le triangle menfurateur, $q\zeta$ qu'il faut fuppofer relevé obliquement fur le plan de la figure, étant le côté d'un des petits rhomboïdes qui compofent la lame que nous confidérons ici, il ne s'agira que d'avoir la valeur de qy, qui mefure la quantité dont la lame dont il s'agit eft furpaffée par celle qui eft placée immédiatement au-deffous. Or, comme on peut concevoir le triangle $qy\zeta$ fitué où l'on voudra, fuppofons que l'angle y foit au milieu du côté ok, de manière que qy faffe partie de ux. ζy étant dans la direction de hy, il eft facile de voir que le triangle $qy\zeta$ eft femblable au triangle huy, à caufe des parallèles $q\zeta$, hu, & des pofitions de qy, ζy, fur les prolongemens de uy, hy. Donc $hu : uy :: q\zeta : qy$; ou $\frac{1}{2}bu : \frac{1}{4}ux$ ou $\frac{1}{2}cu :: q\zeta : qy$; ou enfin $bu : \frac{1}{2}cu :: q\zeta : qy$. Or, bu eft le côté ou l'arête du rhomboïde, auquel appartiennent les faces $gcbu$, $gulx$, &c.; cu eft la grande diagonale d'une de ces faces; $q\zeta$ eft le côté d'une des molécules: donc qy fera la moitié de la grande diagonale des faces de cette molécule; c'eft-à-dire, que les fouftractions fe font par une fimple rangée de petits rhomboïdes.

H

Paſſons aux variations qui ont lieu ſur les baſes des lames de ſuperpoſition, & qui ſont, comme je l'ai obſervé plus haut, de véritables accroiſſemens. Menons la hauteur pf du pentagone $apskh$, prolongée juſqu'en u, & la hauteur of du triangle ohk. Concevons que fmi ſoit le triangle menſurateur, dans lequel, ayant déjà fm égal au côté d'un des rhomboïdes qui compoſent le rebord inférieur ou la baſe de la lame à laquelle appartient le pentagone $apskh$, il ne s'agira plus que de ſavoir ſi mi (a), qui meſure l'excès de cette lame ſur celle qui eſt au-deſſous, eſt égal ſimplement à la moitié de la petite diagonale du rhombe primitif, ou à cette diagonale entière. Or, fm eſt parallèle à gu, qui eſt l'un des côtés du rhomboïde, auquel appartiennent les faces $gcbu$, $gulx$, &c. mi eſt parallèle à pu, qui eſt la petite diagonale d'une des mêmes faces; de plus, fi fait partie de of:

(a) Voyez (fig. 29. B) une coupe verticale du ſolide dont il s'agit, & dans laquelle les lignes gu, pu, fo, &c., répondent à celles qui ſont indiquées par les mêmes lettres, ſur la fig. 29. A. On y voit auſſi le triangle fmi, dans ſa véritable poſition; & la ligne continuement anguleuſe $fmi\varphi\zeta\mu o$, repréſente l'eſpèce de crénelure formée par les rebords des lames compoſantes ſur la ſurface du triangle ohk.

donc le triangle *fim* eft femblable au triangle *ouf*. Partant, $uo : fu :: fm : im$; ou $\frac{1}{3} gu : \frac{1}{4} pu :: fm : im$; ou enfin $gu : \frac{1}{3} pu :: fm : im$: d'où l'on conclura, par un raifonnement femblable à celui que nous avons fait ci-deffus, que *im* eft la moitié de la petite diagonale d'une des faces des rhomboïdes compofans; c'eft-à-dire, que les accroiffemens fe font vers cette partie du cryftal, par de fimples rangées de ces rhomboïdes.

Je ne dirai rien des variations que fubiffent les lames, par rapport aux angles à la bafe des pentagones, où il fe forme de nouveaux rebords qui changent ces pentagones en eptagones (36), au-delà des points de contact des fections voifines. Il eft aifé de voir que ces rebords étant fur des plans parallèles aux faces du noyau, tout fe paffe à cet égard, comme fi ce même noyau fe fût accru fans changer de forme.

On peut déduire de tout ce qui précède, une méthode facile pour tracer, à l'aide du compas & de la règle, les faces des principales variétés du fpath calcaire, rapportées à un noyau commun. Ayant déterminé à volonté le côté du folide rhomboïdal qui doit repréfenter le noyau, on tracera un rhombe *a c g h* (*fig.* 28) femblable à l'une quelconque des faces de ce rhomboïde, mais dont les côtés feront doubles de ceux des mêmes faces. On menera de plus les deux diagonales *a h*, *a g* du rhombe, & la droite *c t*, qui doit aboutir au milieu *t* du côté *a h*.

Cela pofé, le triangle fcalène *a c t* donnera l'une des faces du fpath *à dent de cochon*, comme je l'ai prouvé plus haut (35).

Pour avoir une des faces du fpath rhomboïdal à fommets très-obtus (22), laiffez fubfifter la grande diagonale *c h*, & prenez le côté *a h* pour en faire la petite diagonale d'un nouveau rhombe *g f p o* (*fig.* 11). Ce rhombe fera celui du fpath dont il s'agit.

Pour le fpath rhomboïdal à fommets aigus (36), laiffez pareillement fubfifter la grande diagonale *c h* (*fig.* 28) du rhombe *a c g h*, & prenez fa petite diagonale *a g* pour en faire le côté d'un nouveau rhombe *a b g c* (*fig.* 27). Ce rhombe fera l'une des faces du fpath à fommets aigus.

SPATH PERLÉ. *Id.* DAUBENT. *Tableau minéralogique.*

39. Le fpath perlé fe trouve rangé parmi les fpaths pefans, dans les divers Traités de

Minéralogie qui ont paru avant que j'eusse communiqué à l'Académie des Sciences (*a*) les observations que j'ai faites relativement à cet objet. Les crystaux de ce spath, ordinairement groupés confusément, & disposés en recouvrement les uns sur les autres, sont aussi quelquefois assez détachés pour que l'on puisse en appercevoir distinctement les différentes faces. Ils se présentent alors sous des formes rhomboïdales tout-à-fait semblables à celles du spath d'Islande, ayant des angles égaux à ceux de ce crystal, & se divisant, comme lui, parallèlement à leurs faces, en crystaux plus petits, & de là même figure.

Frappé de ce rapport de structure entre des crystaux que l'on avoit regardés jusqu'ici comme très-différens, j'ai cherché à me procurer des éclaircissemens sur les propriétés physiques & chymiques du spath perlé. M. Brisson, qui prépare, sur les pesanteurs spécifiques des corps naturels, un Ouvrage doublement précieux, & par l'exactitude des résultats, & par la sûreté de la nomenclature qui sera

(*a*) Le Mémoire qui renferme ces observations a été lu à l'Académie le 15 Juin 1782.

prife dans la belle diftribution méthodique de
M. Daubenton, a eu la complaifance de me
communiquer l'évaluation des pefanteurs rela-
tives des fpaths pefans, du fpath perlé, & du
fpath calcaire rhomboïdal. Voici l'ordre de
ces pefanteurs, rapportées au terme commun
de la pefanteur de l'eau, que M. Briffon fixe
à 10000.

Spath pefant en lames rhomboïdales. .   44434.
Spath pefant en maffes blanches &
   opaques . . . .   44300.
Spath perlé . . . .   28378.
Spath calcaire rhomboïdal . . . .   27151.

On voit, par ces évaluations, que la pefanteur fpécifique du fpath perlé diffère beaucoup moins de celle des fpaths calcaires que
de celle des fpaths pefans.

M. Bertholet a bien voulu auffi me faire
part du réfultat de l'analyfe qu'il a faite du
fpath perlé. Cet habile Chymifte a trouvé que
ce fpath n'eft qu'un compofé de matière calcaire, avec une petite quantité de fer, dans
la proportion de quatre grains ou quatre
grains & demi fur cent. Ainfi le fpath perlé,
fous quelque point de vue qu'on le confidère,
doit être rangé parmi les fpaths calcaires ; &
s'il a une pefanteur fpécifique plus confidé-

dérable, & ne fait pas une auſſi prompte effer-
veſcence avec les acides, on ne doit attribuer,
ce me ſemble, cette différence qu'au mêlange
des parties ferrugineuſes qu'il contient.

ARTICLE IV.

Application aux Spaths peſans.

40. Je place ici les ſpaths peſans, parce
que leur forme primitive a du rapport avec
celle des ſpaths calcaires, comme nous le verrons bientôt. Les cryſtaux du genre dont il
s'agit ici, ont excité l'attention des Phyſi-
ciens par la propriété qu'on a reconnue à pluſieurs d'entr'eux de devenir des phoſphores,
lorſqu'après leur avoir fait ſubir une certaine
préparation, & les avoir expoſés pendant
quelques inſtans au ſoleil, on les porte dans
un lieu obſcur. Ils n'ont pas moins exercé
la Chymie par la recherche de cette terre
particulière que l'on en retire à l'aide de
l'analyſe, & à laquelle on a attribué leur
peſanteur conſidérable; mais dont il paroît
que la nature n'eſt pas encore bien connue.
Quant aux caractères que peut fournir la
Minéralogie pour diſtinguer ces mêmes ſpaths
d'avec les ſpaths fluors - phoſphoriques, il me

femble qu'aucun de ceux qui ont été indiqués jufqu'ici n'eft propre à fixer d'une manière nette & précife la limite qui fépare ces deux genres de pierres, fur-tout lorfqu'elles ne fe préfentent pas fous des formes affez régulières pour qu'on puiffe déterminer leur cryftallifation. Mais la ftruêture fournit entr'eux un point de partage que je regarde comme à l'abri de toute équivoque; car en détachant, à l'aide d'un inftrument tranchant, un fragment de la pierre fur la nature de laquelle il reftera quelque doute, & en frappant avec précaution fur ce fragment, on verra paroître des joints qui donneront des rhombes qu'on ne pourra fous-divifer en triangles, fi le fragment appartient à un fpath pefant, & des triangles équilatéraux, fi l'on opère fur un morceau de fpath phofphorique. C'eft ce que l'on concevra aifément, d'après l'explication que je donnerai de la ftruêture de ces deux genres de cryftaux.

Forme primitive.

SPATH PÉSANT EN LAMES RHOMBOÏDALES, *Id.* DAUBENT. *Tabl. minér.*

Développement. Deux rhombes femblables au rhombe *a b c d* (*fig.* 10), qui eft celui du fpath d'Iflande. Quatre reêtangles égaux.

41. Les deux rhombes qui forment les grandes faces oppofées du cryſtal dont il s'agit ici, ont, autant que j'ai pu en juger par les meſures que j'en ai priſes, les mêmes angles que le rhombe du ſpath d'Iſlande ; c'eſt-à-dire, que le plus grand de ces angles eſt de 101° 32′ 13″, & le plus petit de 78° 27′ 47″ (21), en ſuppoſant l'égalité parfaite (a). J'ai pris une lame rhomboïdale de ſpath calcaire ; je l'ai appliquée ſur une lame de ſpath peſant, en faiſant correſpondre le grand angle de l'une avec celui de l'autre, & il m'a ſemblé que les lignes qui formoient ces angles coïncidoient exactement, ſans que je puſſe appercevoir aucune différence. On ne confondra cependant pas une lame de ſpath peſant avec une lame de ſpath calcaire, puiſque, dans celle-ci, toutes les faces étant rhomboïdales, ſont inclinées reſpectivement les unes ſur les autres ; au lieu que dans le ſpath peſant, les faces latérales étant des rectangles, ſont perpendiculaires ſur les deux grandes faces du cryſtal.

Le ſpath peſant en lames rhomboïdales ſe diviſe parallèlement à ſes différentes faces, en rhomboïdes partiels, ou en petits priſmes

_____

(a) On trouvera ci-après (n°. 47) une autre donnée qui conduit aux mêmes angles.

droits · & quadrangulaires, dont les bafes font des rhombes qui ont des angles égaux à ceux de la forme primitive. La ftructure du cryftal ne détermine point le rapport de la hauteur de ces prifmes avec le côté du rhombe, puifqu'on peut divifer le prifme partout où l'on voudra par des fections parallèles à fes deux bafes ; ce qui donne d'autres prifmes plus courts, dont la hauteur varie à l'infini. Je prouverai plus bas, que ces prifmes, confidérés comme les molécules conftituantes des fpaths pefans, ont la forme la plus fimple, c'eft à dire, que leurs faces latérales font des quarrés.

Formes fecondaires.

SPATH PESANT OCTAÈDRE A SOMMETS AIGUS. (*Pl. IV* , *fig.* 30 *). DAUBENT. *Tableau minér.*

Développement. Quatre trapèzes *b a g m* (*fig.* 31). Six triangles ifocèles *a s g* (*fig.* 32).

---

* Les fommets du cryftal, tels que je le confidère ici, font compofés des faces triangulaires *a g s* , *o g s* , *b q m* , *x q m* , qui fe réuniffent deux à deux par leurs bafes aux extrémités du cryftal. Les angles formés par les plans de ces triangles, à l'endroit des arêtes *s g* , *q m* , font dans le cas préfent des angles aigus.

Angles du trapèze $bmg = agm = 46°\ 8'\ 46''$. $mba = gab = 133°\ 51'\ 14''$. Angles du triangle. $gas = 53°\ 7'\ 50''$. $ags = asg = 63°\ 26'\ 5''$.

42. Les sections par lesquelles on détache les grandes lames dont ce cryftal eft compofé, fe font parallèlement au plan, qui eft cenfé paffer par les hauteurs ac, bp (*fig. 30*), des triangles qui forment fes quatre petites faces. Ces lames repréfentent, par leurs grandes faces, des exagones alongés, tels que A B G H N O (*fig. 33*), dont la longueur AH eft conftante, & qui s'accroiffent en largeur jufqu'à la lame du milieu, qui eft la plus grande de toutes. En fous-divifant ces exagones, on trouve qu'ils fe partagent en petits prifmes quadrangulaires femblables à la forme primitive, & dans lefquels le petit angle du rhombe eft tourné vers le fommet A ou H de l'exagone. Les triangles que l'on voit fur les grands bords des exagones, annoncent les petits vuides qui fe trouvent entre les angles extérieurs des molécules conftituantes difpofées le long de ces mêmes bords. La fituation du noyau de forme primitive eft indiquée par le rhombe P R S T.

43. Quant à la loi des décroiffemens que fubiffent les lames de fuperpofition, tandis

qu'elles diminuent en largeur, on la trouvera, d'après les principes exposés ci - deſſus (13). Mais comme nous ignorons quelle eſt la hauteur des molécules conſtituantes , il a fallu faire à cet égard une hypothèſe que nous verrons bientôt ſe vérifier par l'accord du calcul avec l'obſervation. J'ai donc ſuppoſé que les faces latérales de ces molécules étoient des quarrés (*a*). D'après cette ſuppoſition ,

---

(*a*) Il n'eſt pas inutile d'obſerver ici que les coupes qui ſe font parallèlement à ces quarrés , ſont moins faciles & moins nettes que celles qui ſont parallèles aux rhombes des baſes; auſſi ces dernières figures offrent-elles moins de points d'adhérence , ayant moins d'étendue que le quarré de même contour. Ceci revient à l'obſervation que j'ai déjà faite (*pag.* 51 , *Note* 1). On verra qu'elle ſe vérifie par rapport à d'autres genres de cryſtaux dont je parle dans cet *Eſſai.* J'en retrouve encore la confirmation dans un aſſez grand nombre de ſubſtances cryſtalliſées , ſur leſquelles je me propoſe de publier mes vues dans la ſuite. Par exemple , les cryſtaux du feldt-ſpath offrent trois coupes différentes : l'une dans le ſens d'un parallélogramme obliquangle , & les deux autres parallèlement à deux rectangles. La première de ces coupes , ainſi que celle qui ſe fait parallèlement à l'un des rectangles , eſt plus nette que celle qui eſt parallèle à l'autre rectangle. Auſſi , en recherchant par le calcul les dimenſions des faces des molécules , d'après la loi des décroiſſemens , ai-je trouvé

foit ocl (*fig.* 34) le triangle menfurateur.
Il eft clair par la fuppofition, que ol eft
égal au côté Bi (*fig.* 33) d'une des molécules conftituantes. Il ne refte plus qu'à déterminer cl, qui doit donner la loi des décroiffemens. Or, l'angle ocl eft égal à l'angle ran
(*fig.* 30), formé par une perpendiculaire ar,
abaiffée de l'extrémité a de l'arête ab fur
l'arête gm, & par an, menée perpendiculairement fur l'axe cp du cryftal; c'eft-à-dire,
que l'angle ocl (*fig.* 34) eft la moitié de
celui que forment entr'elles les grandes faces
du cryftal fur l'arête ab ou ox. D'après cela,
un fimple coup d'œil jeté fur le cryftal,
fuffit pour faire juger que l'on a, dans le cas
préfent, ol plus petit que cl; d'où il fuit
que cette dernière ligne fera la petite diagonale entière d'un des rhombes compofans, &
non pas la moitié feulement de cette diagonale : car alors on auroit ol plus grand que
cl. Il faut donc qu'après avoir calculé l'angle
ocl, en faifant ufage des données précédentes,
& en avoir pris le double, on ait un angle

que le dernier rectangle dont je viens de parler avoit
une furface plus grande dans le rapport de 3 à $\sqrt{3}$,
que celle de l'autre rectangle & du parallélogramme
obliquangle, qui font égaux entr'eux.

égal à celui que l'on obferve fur le cryftal
même, en mefurant l'inclinaifon des deux
faces, qui fe réuniffent à l'endroit de l'arète *ab*
ou *ox*.

Il eft aifé de voir, d'après l'égalité des
angles du rhombe dans le fpath pefant & le
fpath calcaire, que l'on a $lo = \sqrt{5}$ (30);
$cl = \sqrt{8}$. Donc $co = \sqrt{13}$. Réfolvant le
triangle rectangle ocl à l'aide de ces données,
on trouvera, pour le logarithme de ocl, le
nombre 9792513 3, qui répond à l'angle
de 38° 19′ 43″, avec un refte $\frac{96}{133}$, lequel
vaut plus de 30‴. Donc l'angle que forme
l'inclinaifon refpective des grandes faces du
cryftal fur les arètes *ab*, *ox*, doit être de
76° 39′ 27″; & l'angle formé par l'inclinaifon
des mêmes faces fur les arètes *gm*, *qs*, fera
de 103° 20′ 33″. Or, l'obfervation donne
fenfiblement les mêmes angles ; ce qui confirme la fuppofition faite par rapport à la
forme des molécules conftituantes, & fait voir
de plus que les lames de fuperpofition décroiffent, dans le cas préfent, par des fouftractions d'une double rangée de molécules
(14); en forte que ces lames peuvent être
repréfentées fucceffivement par les exagones
A B G H N O, A g d H k m (*fig. 33*).

Quant à l'angle formé par les petites faces triangulaires *bqm*, *xqm* d'une part, & *ags*, *ogs* de l'autre (*fig. 30*), fur les arêtes *qm*, *gs*, fa valeur eft évidemment de 78° 27′ 47″; puifque, d'après la ftructure du cryftal, cet angle eft égal au petit angle du rhombe de figure primitive.

44. Le calcul des angles plans du cryftal eft facile, d'après ce qui précède. Propofons-nous d'abord de déterminer ceux de la face triangulaire *ags*. Il eft aifé de voir que *an* & *cn* font entr'elles comme la moitié de la petite diagonale du rhombe appartenant au fpath pefant eft à la moitié de la grande diagonale du même rhombe, ou, ce qui revient au même, comme la petite diagonale entière eft à la grande. Ce rapport fuit évidemment de la ftructure des lames exagones qui compofent le cryftal; c'eft-à-dire, que $an : cn ::$ $\sqrt{8} : \sqrt{12}$. D'ailleurs, à caufe des triangles femblables *col* (*fig. 34*), & *ran* (*fig. 30*), on a $an : nr :: cl : ol :: \sqrt{8} : \sqrt{5}$. D'où il fuit que nous pouvons faire $an =$ $\sqrt{8}$, $cn = \sqrt{12}$, & $nr = \sqrt{5}$. Ayant mené *ac* perpendiculaire fur *gs*, nous aurons $ac =$ $\sqrt{an^2 + cn^2} = \sqrt{8+12} = \sqrt{20}$. Main-

tenant, dans le triangle rectangle acg, nous con-
noissons $cg = nr = \sqrt{5}$, & $ac = \sqrt{20}$. Résolvant ce triangle, on aura pour le logarithme de la tangente de l'angle agc, le nombre 103010300, qui répond à l'angle de
$63° 26' 5''$. Cette valeur sera aussi celle de
l'angle asg, & l'angle gas sera de $53° 7'$
$50''$.

Cherchons maintenant les angles du trapèze $gmba$. Dans le triangle rectangle agr,
nous avons $rg = cn = \sqrt{12}$, & $ar =$
$\sqrt{an^2 + rn^2} = \sqrt{8+5} = \sqrt{13}$. Résolvant ce triangle, nous trouverons pour le
logarithme de la tangente de l'angle agr, le
nombre $10017 38 11$, qui répond à $46° 8'$
$46''$, valeur de chacun des angles sur la base
du trapèze; d'où il suit que la valeur de l'angle gab, ou de mba son égal, sera de $133°$
$51' 14''$.

SPATH PESANT OCTAÈDRE CUNÉIFORME A
SOMMETS OBTUS. Id. DAUBENT. Tabl. minér.
Développement. Quatre trapèzes $bmga$
(fig. 38). Quatre triangles rectangles isocèles.
Angles du trapèze $bmg = agm = 63° 26' 6''$.
$gab = mba = 116° 33' 54''$.

45. Les cryſtaux de ce ſpath, que j'ai ob-
ſervés, avoient été apportés du Mont Etna,
& leur matrice étoit mêlée de ſoufre. On
remarque ſouvent, à chacun de leurs ſommets, deux facettes ſurnuméraires, qui remplacent les deux angles ſolides ſitués aux extrémités des arêtes de ces ſommets. Je fais
abſtraction, pour l'inſtant, des facettes dont il
s'agit.

Le cryſtal octaèdre qui vient d'être décrit,
ſe diviſe comme celui de la variété précédente (42.); mais les rhombes, qui compoſent les lames exagones que l'on détache à
chaque ſection, ont leur grand angle, au
lieu du petit, tourné vers le ſommet du cryſtal,
qui, par cette raiſon, eſt obtus-angle, comme
on peut en juger par l'inſpection de la *figure 36*,
laquelle repréſente une coupe exagone de ce
cryſtal.

46. Les décroiſſemens des lames de ſuperpoſition ſe font, dans cet octaèdre, ſuivant
la loi la plus ſimple, c'eſt-à-dire, par des
ſouſtractions d'une ſeule rangée de molécules.
Pour le prouver, repréſentons encore, par la
figure 30, l'octaèdre dont il s'agit ici, & qui
ne diffère de l'autre que par la valeur des
angles. Soit *c o l* (*fig. 35*) le triangle menſurateur, dans le cas préſent. On aura *o l* plus

I

grand que cl, comme on s'en apperçoit à la feule infpection du cryftal ; ce qui indique que cl n'eft que la moitié de la grande diagonale d'un des rhombes compofans. Quant à la ligne ol, elle fera toujours égale au côté de la molécule conftituante. On aura donc $ol = \sqrt{5}$, $cl = \sqrt{3}$, & $co = \sqrt{8}$. Ces valeurs donnent 52° 14′ 19″ pour l'angle ocl; d'où il fuit que l'angle formé par les inclinaifons des grandes faces du cryftal fur les arêtes ab, ox, eft, dans le cas préfent, de 104° 28′ 38″; & l'angle formé par les inclinaifons des mêmes faces fur les arêtes gm, sq, de 75° 31′ 22″; ce qui s'accorde avec l'obfervation. Ainfi, les lames de fuperpofition décroiffent dans ce cryftal fuivant la loi indiquée plus haut; c'eft-à-dire, que les faces exagones de ces lames peuvent être repréfentées fucceffivement par les figures ABGHNO, Afi Hrt, &c. (fig. 36).

47. Déterminons maintenant les angles plans du cryftal, en commençant par ceux des faces triangulaires sag. Les triangles femblables anr, ocl, donnent $an : nr :: cl : ol :: \sqrt{3} : \sqrt{5}$. De plus, $an : cn :: \sqrt{3} : \sqrt{2}$. Donc nous pouvons faire $an = \sqrt{3}$,

$n r = \sqrt{5}$, & $c n = \sqrt{2}$. Donc $a c =$

$\sqrt{a n^2 + c n^2} = \sqrt{5}$. Mais $t g = n r = \sqrt{5}$; donc le triangle rectangle $a c g$ est isocèle: d'où il suit que la face $s a g$ est elle-même un triangle rectangle isocèle; ce que l'observation confirme pareillement (a).

A l'égard des angles du trapèze $g m b a$, considérant le triangle rectangle $a g r$, nous avons $g r$

$= c n = \sqrt{2}$, & $a r = \sqrt{a n^2 + n r^2} =$

$\sqrt{3 + 5} = \sqrt{8}$. Ce triangle résolu donne pour logarithme de la tangente de $a g r$, le nombre 10301030o, qui répond à 63° 26′ 5″, valeur de chacun des deux angles $a g m$, $b m g$; d'où il suit que celle de chacun des angles $g a b$, $m b a$, est de 116° 33′ 55″.

Concevons maintenant que le crystal ait à chacune de ses extrémités les deux facettes surnuméraires dont j'ai parlé plus haut (45). Si ces facettes sont assez grandes pour se toucher par leurs sommets, elles deviendront, dans ce cas, des quadrilatères alongés, tels que $o a i s$ (*fig.* 37); les faces triangulaires du

(a) L'existence de l'angle droit dont il s'agit ici assure les valeurs trouvées pour tous les autres angles, d'après le principe énoncé pag. 26 de l'Introduction.

cryſtal ſe trouveront changées elles-mêmes en d'autres quadrilatères *d o s b*, *i m g s*, & les grandes faces feront des exagones irréguliers, dont la *fig.* 37 repréſente deux moitiés *a h t m i*, *a h k d o*. Tant que les coupes, qui ſe font dans le cryſtal, ne paſſent que ſur les facettes accidentelles, ces coupes ſont des rectangles, tels que *c d b n* (*fig. 36*). Au - delà du point où ces coupes paſſent auſſi ſur les quadrilatères qui ſont reſtés des faces triangulaires du cryſtal, les rectangles ſe changent en octogones femblables à *c* B G *n b* N O *d* (*fig. 36*). Enfin, la figure de la dernière coupe, qui paſſe par les deux pointes du cryſtal, eſt un exagone ſemblable à ceux que l'on détache de l'octaèdre ſimple & ſans facettes ſurnuméraires. Si au contraire ces facettes ſont trop petites pour ſe toucher, auquel cas il eſt aiſé de voir que les faces triangulaires de l'octaèdre ſe trouvent changées en pentagones, alors les coupes octogones conſervent leur figure ſans paſſer à celle de l'exagone.

48. Les facettes dont il s'agit réſultent de la même loi de décroiſſement qui a lieu dans l'octaèdre à ſommets aigus (42), par rapport aux grands côtés des lames qui compoſent cet octaèdre ; c'eſt-à-dire, que les lames du cryſtal à facettes, au lieu d'être conſtantes

dans leur axe ou leur hauteur, décroissent vers leurs extrémités A, H (*fig. 36*), par des soustractions d'une double rangée de molécules constituantes. Aussi, l'angle que forment les plans des facettes surnuméraires se trouve-t-il être de 76° 39′ 27″, comme celui que forment les grandes faces de l'octaèdre à sommets aigus par leurs inclinaisons sur les arètes *a b*, *o x*, (*fig. 30*).

49. J'ai dit (13) que quand les décroissemens se faisoient par des soustractions d'une double rangée de molécules constituantes, il se pouvoit qu'il y eût des stries sensibles sur la surface du crystal. J'ai apperçu de ces stries, à l'aide de la loupe, sur les facettes surnuméraires de l'octaèdre dont je viens de parler. Aussi ces facettes sont-elles précisément de celles où les décroissemens des lames suivent la loi indiquée.

50. D'après les données que fournit cette loi, & en général la structure de ce crystal, on peut déterminer, par le calcul, les angles plans du même crystal, dans le cas des facettes surnuméraires. Je me borne à donner le résultat de ce calcul.

1°. Pour la facette *a o s i* (*fig. 37 & 39*), *i o s* = 87° 42′ 27″. *a o s* ou *a i s* = 110° 29′ 16″. *i a o* = 51° 19′ 1″.

2°. Pour le quadrilatère *s i m g* (*fig.* 37 & 40), *i m s* = 90°. *m i s* ou *m g s* = 108° 25′ 48″. *g s i* = 53° 8′ 24″.

3°. Pour l'exagone *l r a b ꝫ x* (*fig.* 38), *b a r* = *a b ꝫ* = 116° 33′ 54″. *l r a* = *b ꝫ x* = 108° 26′. *r l x* = *ꝫ x l* = 135° 0′ 6″.

Le spath pesant est susceptible de plusieurs autres variétés de formes, dont je ne dirai qu'un mot. Ce spath se trouve crystallisé, par exemple, tantôt en lames exagones, & tantôt en lames rectangles, avec des biseaux sur les bords; ce dernier porte le nom de *spath pesant* en tables. Il sera aisé, avec un peu d'attention, de ramener la structure de ces lames à celle des crystaux octaèdres dont j'ai parlé, & dont elles ne font, pour ainsi dire, que des segmens. On déterminera, avec la même facilité, la loi des décroissemens que subissent les lames composantes, dans le cas où les crystaux ont sur leurs rebords des biseaux qui résultent de ces mêmes décroissemens.

ARTICLE V.

Application aux spaths fluors-phosphoriques.

51. LA plupart des crystaux de ce genre ont une disposition encore plus prochaine que

les spaths pesans, à répandre une lumière au milieu de l'obscurité, puisqu'il suffit, pour leur faire produire cet effet, d'en jeter des fragmens sur des charbons ardens, sans aucune préparation.

Ce même genre de pierre, très-peu varié quant aux formes qu'il présente, est peut-être celui dont l'aspect est le plus susceptible de se diversifier, par les couleurs vives & multipliées dont la Nature a peint ses différens crystaux, & qui les ont fait assimiler au crystal de roche violet, & à la plupart des crystaux gemmes, sous les noms de *fausse améthiste*, *fausse émeraude*, *faux rubis*, &c.

Les formes des spaths fluors se réduisent à celle de l'octaèdre & à celle du cube, qui est la forme qu'il affecte le plus ordinairement, avec quelques modifications qui indiquent le passage d'une de ces formes à l'autre. Mais nous verrons bientôt que ces mêmes formes, si simples & si régulières, cachent une structure pour ainsi dire équivoque, & qui ne permet que d'assigner, par conjecture, la véritable figure des molécules constituantes de ces spaths.

Forme primitive.

SPATH FLUOR - PHOSPHORIQUE OCTAÈDRE.
Id. DAUBENT. *Tabl. minér.*

I 4

Développement. Huit triangles équilaté-raux.

52. Les divers cryſtaux de forme primitive dont nous avons conſidéré juſqu'ici la ſtructure, ne peuvent être diviſés qu'en petits cryſtaux d'une forme unique, & qui a les mêmes angles que le cryſtal entier. Il n'en eſt pas de même de l'octaèdre des ſpaths fluors; de quelque manière qu'on y faſſe des ſections pour détacher les parties qui le compoſent, il eſt impoſſible de ramener ces parties à l'unité de figure, & la diviſion donne toujours au moins des cryſtaux de deux formes, je veux dire des octaèdres & des tétraèdres.

Soit *abnts* (*fig.*41) un octaèdre de ſpath phoſphorique. Suppoſons que l'on faſſe paſſer par les milieux *c, o, g, f, d,* &c., des arètes de cet octaèdre, des plans coupans dirigés parallèlement à ſes faces (ce qui eſt la ſeule manière de diviſer le cryſtal par des coupes nettes), les différentes ſections que l'on aura faites, produiront ſix octaèdres partiels, dont chacun ſe confondra par l'une de ſes pyramides avec l'un des angles ſolides de l'octaèdre total, & huit tétraèdres à faces équilatérales, qui ſe réuniront par un de leurs angles ſolides au centre de l'octaèdre total, avec les ſommets des pyramides inférieures des octaèdres partiels. Les triangles *c o g*, *g r e*, *o h f*, &c., repréſentent les faces extérieures de ces té-traèdres.

De plus, chaque octaèdre partiel ayant une hauteur ſous-double de celle de l'octaèdre to-tal, ſera $\frac{1}{8}$ de cet octaèdre, & chaque té-traèdre ſera $\frac{1}{4}$ de l'un des octaèdres partiels.

Obſervons maintenant qu'en diviſant un tétraèdre parallèlement à ſes faces par des ſections faites ſur les moitiés des côtés de ces mêmes faces, on a quatre nouveaux tétraèdres, dont chacun eſt $\frac{1}{8}$ du tétraèdre entier, plus un octaèdre qui eſt la moitié du même té-traèdre.

Suppoſons que, par de nouvelles coupes ſemblables à celles qui viennent d'être indi-quées, on ſous-diviſe les ſix octaèdres & les huit tétraèdres que l'on avoit eus d'abord, en de nouveaux octaèdres & tétraèdres (auquel cas il eſt facile de voir que chaque tétraèdre ſera le quart d'un des octaèdres produits par la même diviſion), les nombres d'octaèdres & de tétraèdres que l'on obtiendra ſucceſſi-vement, formeront deux ſuites récurrentes; ſavoir :

pour les octaèdres, 6. 44. 344. 2736. 21856, &c.
& pour les tétraèdres, 8. 80. 672. 5440. 43648, &c.

Exprimons maintenant chacun des termes

de ces deux féries, par une formule générale qui nous fera néceffaire dans la fuite. On peut obferver que, dans la férie fupérieure, un terme quelconque du rang n eft égal à huit fois le terme précédent, moins au nombre 2, élevé à la puiffance n. Cela pofé, le premier terme étant 6, on aura pour l'expreffion des différens termes de la férie,

$$6, \; 6.2^3 - 2^2, \; 6.2^6 - 2^5 - 2^3, \; 6.2^9 - 2^8 - 2^6 - 2^4 \ldots$$

& en général, l'expreffion d'un terme quelconque fera,

$$A = 6.2^{3n-3} - 2^{3n-4} - 2^{3n-6} - 2^{3n-8} \ldots - 2^n.$$

Or, les termes négatifs étant pris dans un ordre renverfé, forment une progreffion géométrique croiffante, dans laquelle le premier terme $a = 2^n$, le dernier terme $u = 2^{3n-4}$, & la raifon $q = 4$.

Donc
$$s = \frac{qu - a}{q-1} = \frac{4.2^{3n-4} - 2^n}{3} = \frac{2^{3n-2} - 2^n}{3}$$
$$= \frac{1}{12} 2^{3n} - \frac{1}{3} 2^n.$$

Donc, en fubftituant, l'on aura,

$$A = 6.2^{3n-3} - \frac{1}{12} 2^{3n} + \frac{1}{3} 2^n = \frac{6}{8} 2^{3n} - \frac{1}{12} 2^{3n}$$
$$+ \frac{1}{3} 2^n = \frac{2}{3} 2^{3n} + \frac{1}{3} 2^n = \frac{2}{3} 8^n + \frac{1}{3} 2^n.$$

A l'égard de la loi que fuivent les termes de la férie inférieure, on remarquera que chacun de ces termes eft égal au double du

terme correfpondant de la férie fupérieure,
moins au nombre 2 élevé à la puiffance $n+1$;
d'où il fuit que l'expreffion générale d'un terme
quelconque de cette férie eft,

$$B = \tfrac{4}{3} 8^n + \tfrac{2}{3} 2^n - 2^{n+1} = \tfrac{4}{3} 8^n + \tfrac{2}{3} 2^n - 2 \cdot 2^n = \tfrac{4}{3} 8^n - \tfrac{4}{3} 2^n = \tfrac{4}{3} (8^n - 2^n).$$

On peut encore retirer d'un octaèdre de
fpath fluor, des parties d'une forme différente
de celle de l'octaèdre & du tétraèdre : par
exemple, des rhomboïdes dont les fix faces
auront leur grand angle de 120°; mais ces
rhomboïdes ne font eux-mêmes que des affemblages d'un octaèdre & de deux tétraèdres,
appliqués fur deux faces oppofées de cet octaèdre. En général, les parties détachées du
cryftal entier fe réduiront toujours, en dernière analyfe, à des octaèdres & à des tétraèdres, fans qu'il foit poffible, même par
des fections fuppofées & purement idéales, de
concevoir un octaèdre divifé en tétraèdres,
femblables à ceux dont il s'agit, c'eft-à dire,
dont les faces foient des triangles équilatéraux.

53. Si l'on s'en tenoit ici à la fimple apparence, il faudroit admettre dans le fpath fluor
une ftructure mixte, & des molécules conftituantes de deux formes diverfes. Mais une

pareille fuppofition eft également contraire,
& à la raifon d'analogie qui fe tire de la
ftructure uniforme de tant d'autres cryftaux,
& à la fimplicité que tout nous porte à
reconnoître dans la compofition des corps
naturels. Je penfe donc qu'il en eft ici de
l'une des deux formes dont il s'agit, comme
des portions de cryftaux qui paroiffent exifter
fur les bords des lames compofantes dans les
cryftaux fecondaires ; c'eft - à - dire, que les
tétraèdres ou les octaèdres fe trouveroient
nuls, fi nous pouvions pouffer la divifion
du fpath fluor jufqu'à fes molécules conftituantes. Ainfi, d'après cette conjecture, les
premiers octaèdres, formés par le groupe-
ment des molécules conftituantes, étoient
fimplement compofés, par exemple, foit de
fix petits octaèdres, foit de huit tétraèdres
réunis par les bords, & qui, fe groupant enfuite avec d'autres cryftaux de la même forme,
ont produit des octaèdres d'un certain volume, & dans lefquels les vuides, laiffés par
la non-exiftence des tétraèdres ou des octaèdres, font infenfibles par rapport à nous.

Comme on n'a jamais obfervé le fpath fluor
fous la forme du tétraèdre, tandis qu'on retrouve, dans ce genre de cryftaux, l'octaèdre
avec fes modifications ; il fembleroit peut-être

plus naturel de penſer que les molécules de ce ſpath ſont des octaèdres. Cependant la grande ſimplicité de la figure du tétraèdre pourroit faire pencher auſſi en faveur de cette même figure. Je ne déciderai point ici entre ces deux opinions ; j'eſpère que les recherches que je me propoſe de faire ſur quelques autres cryſtaux, dont la ſtructure conduit à admettre de même des vacuoles dans leur intérieur, contribueront à répandre de nouvelles lumières, & à fixer nos idées ſur le fait particulier dont il s'agit.

La quantité de vuide qui exiſteroit dans un octaèdre de ſpath fluor, ſi la choſe étoit telle que je le ſuppoſe, ne peut faire une difficulté ſérieuſe. Suppoſons, pour un inſtant, le cryſtal ſans vacuoles. Soit a^3 la ſolidité d'un des petits octaèdres compoſans ; $\frac{1}{4} a^3$ repréſentera la ſolidité d'un des tétraèdres correſpondans ; d'où il eſt aiſé de conclure, d'après les formules trouvées plus haut, que la ſolidité de tous les octaèdres ſera à celle des tétraèdres, comme $\frac{2}{3} a^3 8^n + \frac{1}{3} a^3 2^n$ eſt à $\frac{1}{4} a^3 \left(\frac{4}{3} 8^n - \frac{4}{3} 2^n \right)$ $= \frac{1}{3} a^3 8^n - \frac{1}{3} a^3 2^n$. Remarquons maintenant qu'à meſure que n augmente, la quantité $a^3 2^n$ devient plus petite, par rapport à la quantité $a^3 8^n$; en ſorte que ſi l'on fait ſucceſſivement $n = 1$, $n = 2$, $n = 3$, &c., on aura $a^3 2^n = \frac{1}{4} a^3 8^n$, $a^3 2^n = \frac{1}{16} a^3 8^n$, $a^3 2^n = \frac{1}{64} a^3 8^n$, &c. ; & en général $a^3 2^n = \frac{1}{4^n} a^3 8^n$.

D'où il fuit que fi l'on repréfente par n le nombre qui répond à la dernière de toutes les divifions poffibles, ce nombre étant en quelque forte infini, la quantité $a^3 2^n$ pourra être confidérée comme prefque nulle, par rapport à la quantité $a^3 8^n$. Si donc l'on fuppofe que le cryftal ne foit compofé que d'octaèdres, la quantité de vuide fera à la quantité de matière à-peu-près dans le rapport de $\frac{1}{3} a^3 8^n$ à $\frac{2}{3} a^3 8^n$; c'eft-à-dire, qu'elle en fera prefque la moitié. Si l'on conçoit au contraire que les tétraèdres exiftent feuls, la quantité de vuide fera un peu plus que le double de la quantité de matière ; fuppofitions qui paroiffent très-admiffibles, lorfque l'on fait attention à la grande porofité des corps.

Forme fecondaire.

SPATH FLUOR-PHOSPHORIQUE CUBIQUE. *Id.* DAUBENT. *Tabl. minér.*

54. J'ai déjà fait voir (5) de quelle manière il falloit divifer un cube de fpath phofphorique pour en retirer le noyau octaèdre. Les lames qui recouvrent ce noyau font, comme je l'ai dit, les unes triangulaires, & les autres

exagones ; & fi l'on fait attention que ces lames
ne peuvent être fous - divifées que par des
fections parallèles aux faces du noyau, on
concevra que, dans ce cas, leurs grandes
faces fe trouveront partagées en un certain
nombre de triangles équilatéraux, dont les
uns, tels que *k*, *x*, *y* (*Pl. I, fig.* 2), repréfenteront des faces de petits octaèdres engagés
dans l'épaiffeur des lames, & les autres, tels
que *t* , *z*, repréfenteront des vuides interpofés
entre ces octaèdres, ou *vice verfâ;* en forte
que les rebords *b c*, *d f*, *a e*, feront tout hériffés de petites pointes, que l'on appercevroit
fur la furface du cube, fi nous avions des inf-
trumens d'Optique affez parfaits.

55. A l'égard des décroiffemens que fubiffent les lames de fuperpofition, il eft aifé de
concevoir qu'ils n'ont lieu que par rapport
aux côtés *b c*, *d f*, *a e* (*fig.* 2), qui correfpondent aux angles folides du noyau. Soit *a b d c*
(*fig.* 42) une coupe géométrique du noyau,
prife fur les hauteurs *a b*, *b d*, *d c*, *c a*, de
quatre des faces de l'octaèdre. Cherchons la
loi des décroiffemens qui fe font dans la
partie qui répond à l'angle *a*. D'après le principe expofé ci-deffus (27), il faudra eftimer
ces décroiffemens par rapport à un plan qui
feroit de niveau avec la face triangulaire,

dont *a b* est la hauteur, ou, ce qui revient au même, par rapport à la ligne *a n*, prolongement de *a b*. Soit menée *ah*, parallèle à *b c*, il est clair que les rebords des lames de superposition seront contigus à cette ligne *a h*. Soit *ago* le triangle mensurateur; dans le cas présent. On aura *og* égal à la hauteur d'une des faces d'une molécule élémentaire octaèdre. Mais de plus *og* est parallèle à *ab*; donc le triangle *ago* est semblable au triangle *abc*. D'où il résulte que *a o* est aussi la hauteur d'une des faces d'une molécule constituante. Si l'on termine le rhombe *a o g e*, il est aisé de voir que ce rhombe représentera une coupe semblable à *a b d c*; d'où il faut conclure que les décroissemens se font par des soustractions d'une rangée de petits octaèdres (*a*).

56. Quant au spath phosphorique octaèdre cunéiforme, c'est-à-dire, dont les deux sommets sont en arête, au lieu d'être en pointe, on voit évidemment que ce crystal n'est autre chose que le noyau du cube, alongé par une application de nouvelles lames triangulaires,

(*a*) Si l'on supposoit que les molécules constituantes fussent des tétraèdres au lieu d'octaèdres, on trouveroit de même que les décroissemens se font par des soustractions d'une rangée de ces tétraèdres.

faite

faite de deux côtés opposés de l'octaèdre simple. Il sera également facile de concevoir la structure de toutes les formes de crystaux intermédiaires entre celle de l'octaèdre & celle du cube; par exemple, de celle qui a quatorze faces, savoir, six quarrés & huit triangles équilatéraux qui remplacent les angles solides du cube. Tous ces passages se présentent d'eux-mêmes, lorsqu'on divise un cube de spath-fluor pour en extraire le noyau octaèdre.

57. La crystallisation du sel marin offre les principales variétés que l'on observe dans les cryftaux de fpath fluor-phosphorique. Mais l'identité de ces formes se trouve jointe à une structure bien différente de part & d'autre, puisque le spath-fluor n'est composé que d'octaèdres ou de tétraèdres, au lieu que le sel marin est un assemblage de petits cubes; en sorte que la forme primitive de l'un de ces genres de cryftaux n'est, par rapport à l'autre, qu'une forme secondaire, & *vice versâ*. Chacun pourra faire aisément la comparaison de l'un avec l'autre, en rapprochant l'article précédent, de ce qui a été dit vers le commencement de cet Ouvrage (9) sur la structure du sel marin octaèdre.

ARTICLE VI.

Application aux cryftaux de gypfe.

58. La ftructure des cryftaux de gypfe eft en général peu compliquée, & fe laiffe entrevoir dans la plupart de leurs variétés par des indices plus ou moins fenfibles. Il eft rare qu'on n'y découvre pas des fractures propres à faire naître dans l'efprit d'un Obfervateur, des idées fur la figure & fur la difpofition refpective des parties conftituantes de ces cryftaux. Auffi, dès l'année 1710, c'eft-à-dire, dans un temps où l'étude de la Cryftallographie étoit à peine naiffante, M. de la Hire a-t-il donné à l'Académie un Mémoire fur la ftructure du gypfe en fer de lance de Montmartre; & fi les explications de ce favant Académicien font plus ingénieufes que fondées, comme j'efpère le prouver dans la fuite de cet article, c'eft que n'ayant fous les yeux que des fragmens de ce même gypfe, & ne confidérant qu'une partie ifolée d'un enfemble, où tout eft lié par des rapports intimes & néceffaires, il n'a pû parvenir aux inductions qui fe tirent de la comparaifon d'une forme

avec une autre, & qui fervent de guides pour ramener à une feule figure primitive toutes les différentes variétés d'une même forte de cryftal.

L'examen des cryftaux dont il s'agit ne m'ayant point offert jufqu'ici d'indications affez fûres pour que je puffe déterminer avec une certaine précifion la valeur de leurs angles, j'ai mefuré les principaux de ces angles avec tout le foin poffible, & j'ai déduit enfuite de ces mefures, à l'aide du calcul, celles des autres angles qui en dépendent, en pouffant l'approximation feulement jufqu'aux minutes de degré.

Forme primitive.

GYPSE EN LAMES RHOMBOÏDALES. Gypfe en cryftaux rhomboïdaux. DAUBENT. *Tabl. minér.*

Développement. Deux parallélogrammes obliquangles A B C D (*Pl. V, fig.* 43), & fix rectangles. Angles du parallélogramme B A D = B C D = 113°, A D C = A B C = 67°.

59. Les lames dont il s'agit fe fous-divifent, comme tous les autres cryftaux de forme primitive, par des fections parallèles à leurs différentes faces ; mais les coupes qui fe font

K 2

parallèlement aux grandes faces obliquangles, font bien plus nettes que les fections latérales que l'on peut faire dans les autres fens.

Quant aux molécules conftituantes dont ces lames ne font que des affemblages, on verra plus bas quels font les moyens que j'ai employés pour découvrir la vraie forme de ces molécules, qui eft celle d'un parallélipipède, ou d'un prifme droit quadrangulaire, dont les bafes font des parallélogrammes obliquangles, ayant auffi leurs angles de 113° & de 67°, & leurs côtés dans le rapport de 12 à 13, & dont les faces latérales font des rectangles, dans lefquels le côté qui mefure la hauteur du prifme eft comme 32.

Forme fecondaire.

GYPSE A DIX FACES. (*fig.* 47). *Id.* DAUBENT. *Tabl. minér.*

Développement. Deux parallélogrammes obliquangles *s o d p* (*fig.* 44). Quatre grands trapèzes *p d g m* (*fig.* 45). Quatre petits trapèzes *d o n g* (*fig.* 46).

Angles du parallélogramme *p s o* = *o dp* = 127°, *s p d* = *s o d* = 53°.

Angles du grand trapèze *p m g* = 43° 27'. *d g m* = 59° 28'. *d p m* = 136° 33'. *p d g* = 120° 32'.

Angles du petit trapèze $dgn = 84°\ 48'$. $bdg = 95°\ 12'$. $don = 127°\ 22'$. $ong = 52°\ 38'$.

60. Le cryftal décaèdre, qui eft l'objet de cet article, & dont tous les autres cryftaux de gypfe ne font que des variétés, fe trouve communément dans les carrières de Montmar- tre & des environs. Les parallélogrammes obliquangles, dont l'un eft repréfenté (*fig.* 44), forment deux faces oppofées de ce cryftal. Les quatre grands trapèzes font réunis deux à deux, comme les repréfentent $pmgd$, $mgar$ (*fig.* 47); en forte que leur inclinaifon fur l'arète mg, & fur celle qui lui eft oppo- fée, forme en cet endroit un angle très- obtus. Les quatre petits trapèzes font pareil- lement réunis deux à deux aux extrémités du cryftal, où ils forment par leur inclinaifon fur l'arète gn, & fur celle qui fe trouve dans la partie oppofée, des angles moins obtus que les précédens.

Le décaèdre dont il s'agit fe divife d'abord parallèlement à fes deux faces rhomboïdales. Si l'on fuppofe la divifion faite fucceffivement des deux côtés oppofés, on détachera des lames qui toutes auront les mêmes angles, & qui iront en croiffant graduellement jufqu'à celle du milieu, qui eſt la plus grande de toutes.

Quant aux parties compoſantes de ces lames, elles ont entr'elles une adhérence qui ne permet pas de les ſéparer avec la même facilité. Le moyen le plus avantageux pour appercevoir les petits parallélogrammes obli-quangles dont ces mêmes lames ſont l'aſſem-blage, eſt de frapper deſſus à pluſieurs re-priſés avec quelque corps dur : alors les lignes de ſéparation ſe manifeſteront; & en faiſant un léger effort comme pour rompre la lame, on vaincra aiſément l'adhérence de ſes parties compoſantes. On peut encore placer cette lame ſur une pelle chaude, juſqu'à ce que la matière gypſeuſe ſoit devenue toute blanche par l'action du feu; lorſqu'on l'aura retirée, on appercevra diſtinctement pluſieurs frag-mens ou petites lames ayant la forme primi-tive, qui ſe feront détachées d'elles - mêmes par l'exfoliation; & l'on pourra s'en procurer un plus grand nombre, en frappant avec pré-caution ſur cette même lame calcinée.

Le grand angle de chaque lame étant, comme je l'ai dit, de 127°, & le petit angle de 53°, ſi l'on ſous-diviſe une de ces lames, on la voit ſe partager en parallélogrammes

obliquangles, tels que *b r p g* (*fig.* 48), difpofés de manière qu'ils ont leurs grands côtés
b r, *gp*, alignés dans le même fens que les
petits côtés *a e, l i* de la grande lame dont
ils font partie, & leurs petits côtés *bg*, *r p*,
oppofés aux angles aigus de la même lame.
En imaginant la divifion poufsée jufqu'au point
où ces parallélogrammes feroient les faces
des molécules conftituantes, on concevra que
tous les efpaces triangulaires, difpofés le long
des côtés *a l*, *e i*, fe trouvent vuides par la
fouftraction d'un nombre égal de molécules.

Le noyau du gypfe dont nous confidérons
ici la ftructure, eft indiqué par le parallélogramme *h t s f*, qui repréfente une de fes
bafes.

Chacun des efpaces triangulaires *a g b*, *b r c*,
eft évidemment égal à la moitié de chacun
des parallélogrammes de forme primitive ; en
forte que la bafe *a b* ou *b c* du triangle eft
elle-même égale à la petite diagonale *r x* d'un
de ces parallélogrammes. L'angle *b a g*, mefuré
avec foin, eft, à très-peu de chofe près, de
53°, & l'angle *a b g* eft de 60°. Il fuit de
ces valeurs que les deux côtés *b g*, *a g*, oppofés l'un à l'angle de 53° & l'autre à l'angle de 60°, font entr'eux comme les finus de
ces mêmes angles, c'eft - à - dire, comme les

nombres 7986, & 8660. Or, ces nombres eux-mêmes font dans le rapport de 12 à 13 $+ \frac{51}{3593}$; laquelle fraction peut être négligée ici, puisqu'elle ne vaut pas $\frac{1}{78}$. Mais les côtés bg, ag du triangle abg étant proportionnels aux côtés th, ts de la base $thfs$ du noyau, il s'enfuit que ces derniers font auffi entr'eux à-peu-près comme les nombres 12 & 13; & par conféquent les bases du prifme qui repréfente les molécules conftituantes du gypfe, font des rhombes un peu alongés, ainfi que je l'ai dit plus haut (59).

61. Cherchons maintenant la loi des décroiffemens que fubiffent les lames de fuperpofition. Si l'on mefure l'angle que forment par leur inclinaifon les grandes faces en trapèze du cryftal fur l'arète mg (*fig.* 47), ou fur celle qui lui eft oppofée, on trouve cet angle de 144°. Soit rog (*fig.* 49), le triangle menfurateur; l'angle rgo, égal à la moitié du précédent, fera par conféquent de 72°. De plus, ro fera la hauteur d'un des petits prifmes qui forment les molécules conftituantes; & quant à og, ce qui fe préfente de plus naturel, eft de fuppofer qu'il eft égal à la hauteur og (*fig.* 48) d'un des efpaces triangulaires abg; auquel cas les décroiffemens dont il s'agit ici, favoir ceux qui ont lieu

fur les bords *a l*, *e i*, fe feront par des fouftractions d'une rangée de molécules conftituantes. En effet, il fuit de cette fuppofition, comme nous le verrons bientôt, que
les décroiffemens fe font fur les bords *a e*, *l i*,
par des fouftractions d'une double rangée de
molécules : ce qui eft analogue aux loix déjà
obfervées dans d'autres cryftaux.

Quoique les coupes latérales, qui fe font
dans le cryftal, ne foient point affez nettes (60)
pour que l'on puiffe diftinguer fi les rebords de
ces ames font inclinés ou non fur leurs grandes
faces, je fuppofe ici que les molécules conftituantes font des prifmes droits ; car tout eft
parfaitement femblable des deux côtés oppofés
du cryftal, ce qui indique de part & d'autre
des décroiffemens égaux. Or, cette égalité
ne pourroit avoir lieu, fi les petits prifmes
dont il s'agit étoient obliques, parce que
leurs rebords faifant d'une part un angle aigu,
& de l'autre un angle obtus avec les faces
des lames fur lefquelles ces prifmes repofe-
roient par leurs bafes inférieures, les faces du
cryftal, compofées de la fomme de ces mêmes
rebords, ne pourroient former de chaque
côté des angles égaux, foit entr'elles, foit avec
les autres parties du cryftal.

Pour réfoudre le triangle *o r g* (*fig.* 49),

il faut d'abord connoître *og*. Confidérons cetté même ligne dans le triangle *a o g* (*fig.* 48). Nous avons l'angle *a* de 53°, l'angle *o* de 90°, & le côté *ag*=8660 (60). Réfolvant ce triangle, on trouvera le nombre 3 8 3 9 8 6 6 5 pour le logarithme de *og*.

Il eft facile maintenant de réfoudre le triangle *org* (*fig.* 49), à l'aide de ce logarithme, & des angles *g*= 72° & *r* = 18°. On trouvera pour le logarithme de *o r* le nombre 4 3 2 8 0 9 0 4, qui répond à 2 1 2 9 0. Ce dernier nombre exprime la hauteur *o r* d'un des prifmes qui donnent les molécules conftituantes. Comparant cette hauteur avec le côté *b g* (*fig.* 48), dont l'expreffion eft 7 9 8 6 (60), on trouvera que le rapport de l'un à l'autre eft celui de 12 à 32 à moins d'un $\frac{1}{100}$ près, comme je l'ai déjà indiqué (59).

Paffons à la loi des décroiffemens que fubiffent les lames compofantes du côté des petites faces du cryftal. L'angle que forment entr'elles ces faces, en s'inclinant l'une fur l'autre, eft, à vue d'œil, beaucoup moins obtus que celui des grandes faces ; ce qui indique que les décroiffemens fe font, dans le cas préfent, par des fouftractions d'une double rangée de molécules.

Soit *e p d* (*fig.* 50), le triangle menfurateur

pour le cas dont il s'agit ; il faut d'abord chercher la valeur de *c d*. Or, d'après la loi de décroiſſement ſuppoſée, il eſt facile de voir que *c d* eſt double de *b n* (*fig.* 48), menée perpendiculairement de l'angle *b* ſur le côté *a g*.

Dans le triangle *b n g*, nous avons l'angle *g* = 67°, l'angle *n* = 90°, & *b g* = 7686 (60). Réſolvant ce triangle, il viendra 3 8 6 6 3 5 5 4 pour le logarithme de *b n*. Ajoutant à ce logarithme celui de 2, nous aurons 4 1 6 7 3 8 5 4 pour le logarithme de *c d*.

Maintenant, dans le triangle *c p d* (*fig.* 50), on connoît *c p* = *o r* (*fig.* 49), dont le logarithme eſt 4 3 2 8 0 9 0 4, comme nous l'avons trouvé ci-deſſus. A l'aide de ce logarithme, & de celui de *c d*, & de plus, faiſant attention que l'angle *c* eſt droit, on trouvera pour le logarithme de la tangente de *c d p* le nombre 1 0 1 6 0 7 0 5 0, qui répond à l'angle de 55° 22' ; d'où l'on conclura que l'angle des faces cherché eſt de 110° 44'. Or, l'obſervation donnant le même angle, il en réſulte que la loi de décroiſſement que nous avons ſuppoſée eſt celle à laquelle eſt aſſujettie la formation du cryſtal.

62. La valeur des angles plans du même cryſtal ſe déduit facilement des calculs pré-

cédens. Commençons par celle des angles du trapèze $p\,m\,g\,d$ (*fig.* 47). Ayant mené $p\,u$ perpendiculaire fur $m\,g$, $p\,k$ perpendiculaire par rapport à l'une quelconque des grandes faces des lames de fuperpofition, & $u\,k$ aufli perpendiculaire fur $p\,k$, nous aurons le triangle $p\,u\,k$ femblable au triangle $r\,g\,o$ (*fig.* 49). Cherchant dans ce dernier triangle le côté $g\,r$, d'après les données qui font indiquées plus haut (61), on trouvera pour fon logarithme le nombre $4349884\,\mathrm{I}$, qui par conféquent peut auffi repréfenter le logarithme de $p\,u$ (*fig.* 47).

Maintenant, fi l'on fait attention que tandis qu'il n'y a qu'une rangée de molécules fouftraite fur le bord $a\,l$ (*fig.* 48) d'une des lames compofantes, il fe fait une double fouftraction fur le bord $a\,e$, on concevra que $g\,o$ ou fon égal $x\,z$, mefurant les décroiffemens qui fe font fur le bord $a\,l$, la ligne $a\,z$ exprimera la quantité dont ce même bord feroit diminué pour la fouftraction des deux rangées de molécules renfermées entre les lignes $a\,e$, $e\,f$. Donc la valeur de $a\,z$ pourra repréfenter celle de $m\,u$ (*fig.* 47). Or, $a\,z =$ $a\,b + b\,c + c\,z = 2\,a\,b + a\,o$. Pour trouver $a\,b$, on confidérera le triangle $a\,b\,n$, dans lequel on connoît l'angle a de 53°, l'angle u

de 90°, & le côté *b n*, dont le logarithme eſt 38663554, comme nous l'avons trouvé (61). Cela poſé, il viendra pour le logarithme de *a b* le nombre 39640068, qui répond à 9204, valeur de *a b*. Donc *ac* = 18408. Maintenant, dans le triangle *a g o*, on connoît l'angle *a* de 53°, l'angle *o* qui eſt droit, & le logarithme de *g o* = 38398665, ainſi que nous l'avons vu (61). Ce triangle réſolu donne pour le logarithme de *a o* le nombre 37169809, qui répond à 5211, valeur de *a o*. Donc *a z* = 18408 + 5211, = 23619. Cette valeur ſera auſſi celle de *m u* (*fig.* 47), & l'on trouvera pour ſon logarithme le nombre 43732616.

Réſolvant le triangle rectangle *p m u*, d'après les données précédentes, on aura pour le logarithme de la tangente de *p m u* le nombre 99766225, qui répond à 43° 27', valeur de *p m u*; d'où l'on conclura que l'angle *m p d* = 136° 33'.

Cherchons auſſi les angles *d*, *g*, du même quadrilatère. Ayant abaiſſé *d b* perpendiculaire ſur *m g*, on aura *log. d b* = *log. p u* = 43498841. De plus, il eſt facile de voir, avec un peu d'attention, que *a z* (*fig.* 48), repréſentant la quantité dont le bord *a l* eſt diminué par la ſouſtraction des deux rangées de molécules comprifes entre ae, cf, la ligne lh, ou fon égale $t\zeta$, exprimera la quantité dont le même bord eft diminué par la fouftraction correfpondante des deux rangées de molécules renfermées entre li, ty. Donc la valeur de $t\zeta$ peut repréfenter celle de bg (*fig.* 47). Or, $t\zeta = ct - c\zeta = ac - ao = $ 18408 — 5211 = 13197, quantité dont le logarithme eft 4120475,2, qui par conféquent fera auffi celui de $b'g$ (*fig.* 47). Le triangle rectangle dbg étant réfolu d'après ces données, il viendra pour la tangente de l'angle dgb le nombre 102294089, qui répond à 59° 28′, valeur de dgb; d'où il fuit que l'angle gdp eft de 120° 32′.

Il ne refte plus qu'à trouver les angles des trapèzes $dong$. Soient abaiffées de, oy, perpendiculaires fur gn, il eft facile de voir que la valeur de chacune de ces lignes fera repréfentée par celle de pd (*fig.* 50). Or, en achevant de réfoudre le triangle pcd, dont nous nous fommes déjà occupés ci-deffus, on trouvera pour le logarithme de pd le nombre 44127905, qui fera auffi le logarithme de de, ou oy (*fig.* 47).

On cherchera auffi dg, & $on = pm$ (*fig.* 47), à l'aide des triangles dbg, pmu, & l'on aura $log. dg = $ 44145777, & $log. on = $

log. pm = 45124716. Réfolvant, d'après ces données, les triangles rectangles *d g e*, *o y n*, on trouvera pour le logarithme du finus de l'angle *g* le nombre 99982128, qui répond à 84° 48'; & pour le logarithme du finus de l'angle *n* le nombre 99003189, qui répond à 52° 38'. D'où il fuit que l'angle *d* = 95° 12', & l'angle *o* = 127° 22' (*a*).

63. Le parallélogramme *a e i l* (*fig.* 48), qui repréfente les grandes faces des lames du gypfe décaèdre dont je viens d'expliquer la ftructure, eft fujet à des variations de figure, produites le plus fouvent par le défaut des angles *a* & *i*. Il arrive alors que les lames compofantes prennent des figures arrondies, telles que *n e h t l m* (*fig.* 51). Dans ce cas, la forme des cryftaux fubit elle-même des changemens plus ou moins confidérables.

Ces arrondiffemens, que l'on doit regarder comme des efpèces de décroiffemens, fe font fans doute par des fouftractions de molécules

---

(*a*) Les valeurs de ces logarithmes varient un peu, fuivant les différentes analogies d'après lefquelles on peut les déterminer; mais ces variations ne tombant que fur les dernières décimales, n'influent pas fenfiblement fur les réfultats.

conſtituantes ; & ſi ces ſouſtractions étoient
variables dans la proportion néceſſaire pour
que les ordonnées de la courbe fuſſent dans
un rapport conſtant avec les abſciſſes, on
pourroit déterminer la nature de cette courbe :
mais comme les arrondiſſemens dont il s'agit
prennent une multitude de courbures différentes par rapport aux divers cryſtaux d'une
même ſorte, il paroît impoſſible de rien établir de fixe à cet égard, & il faut les regarder
comme l'effet d'une cryſtalliſation confuſe &
précipitée, dont on peut tout au plus aſſigner
le rapport en général avec les formes nettes
& bien prononcées, dont elle n'offre, pour
ainſi dire, que des traits ébauchés & impar-
faits.

S'il ne ſe fait qu'un léger arrondiſſement
vers les angles a, b (*fig.* 51), en ſorte que
le parallélogramme obliquangle $a\,d\,b\,c$ prenne
une figure ſemblable à $f\,c\,p\,d$; dans ce cas,
il ſe formera vers chacun des deux ſommets
du cryſtal une face curviligne adoſſée aux
deux faces planes en trapèzes : ce qui donnera
à ces ſommets l'aſpect de deux pyramides à
trois faces, dont celle qui eſt courbe forme
quelquefois un arc bien arrondi, & d'autres
fois à peine ſenſible, ſelon que les lames de
ſuperpoſition

fuperpofition font elles-mêmes plus ou moins arrondies par leurs petits angles. On trouve à Montmartre des cryftaux de cette variété.

Les lames dont il s'agit, en prenant des figures plus arrondies, telles que *e h t l m n* (*fig.* 51), produiront des formes encore plus éloignées de celle du cryftal décaèdre , & qui peuvent fe modifier de diverfes manières, mais dans lefquelles il fera facile, avec un peu d'attention, de reconnoître les traces de la forme primitive.

Enfin , fi toutes les lames ont conftamment une figure femblable à *g s r x* (*fig.* 51), laquelle eft compofée de deux fegmens de courbe réunis par leurs cordes , & fi ces lames vont en décroiffant de part & d'autre de celle du milieu, il réfultera de leur affemblage un cryftal de forme lenticulaire à peu-près tel que ceux qu'offre le fpath calcaire à fommets très - obtus, dont les angles & les bords font émouffés, mais qui aura une ftructure très-différente de celle des cryftaux fpathiques dont il s'agit.

Toutes les variétés de cryftaux que je viens de décrire font fujettes à fe grouper; & dans ce cas, les cryftaux fe regardent ordinairement par les faces qui font compofées de la fomme des grands bords de leurs lames. On

L

fait que ceux qu'on appelle cunéiformes ne font autre chose que des portions de deux cryftaux lenticulaires, accolées enfemble par une de leurs faces, qui fe trouve plane à l'endroit de la jonction. Il arrive affez fouvent que les coupes de ces fragmens cunéiformes repréfentent à-peu-près deux triangles fcalènes. La feule infpection de la *figure* 52 fuffit pour faire connoître le rapport des triangles *b a d*, *c a d* dont il s'agit, aux parallélogrammes *b g d l*, *c g d m*, dont ces triangles font des fegmens. Les bords *b d*, *c d* de ces fegmens ont toujours un poli terne, & font même quelquefois tout hériffés de petites afpérités, qui indiquent les fouftractions de tous les petits prifmes rhomboïdaux, qui auroient terminé les parallélogrammes, dans le cas d'une cryftallifation plus parfaite.

64. M. de la Hire (*a*) confidéroit chacun de ces triangles comme un affemblage d'élé, mens, qui étoient eux-mêmes des triangles fcalènes, tels que *a b r* (*fig.* 53), dont les angles étoient de 70, 60 & 50 degrés. Selon ce Savant, ces triangles étoient difpofés comme dans la *figure* citée; c'eft-à-dire, que ceux qui étoient placés à droite, tels que

b a r, n'avoient point leur angle de 60° fitué au point *b*, ni diagonalement oppofé à l'angle de même valeur dans le triangle à gauche *a e r*, comme on l'obferve par rapport à l'angle *s* du triangle *a p s*: mais l'angle au point *b* étoit le plus petit des trois angles du triangle *a b r*, c'eft-à-dire, de 50°; en forte que la ligne *b r* convergeoit avec la ligne *a e*, au lieu de lui être parallèle comme *s p*, & que ces deux lignes formoient à leur réunion en *c* un angle de 10 degrés. Tous les angles dont il s'agit ont en effet, à quelque chofe près, les mefures indiquées par M. de la Hire. Cette idée du renverfement des triangles élémentaires, qui ont leur bafe fur la ligne *b c*, eft, comme je l'ai obfervé, très-ingénieufe, & paroît d'abord fournir l'explication la plus vraifemblable de la ftructure des fragmens de gypfe dont il s'agit. Mais lorfque l'on rapporte ces fragmens aux cryftaux lenticulaires dont ils ont dû faire partie, & que l'on a fous les yeux tous les paffages & toutes les dégradations de forme qui conduifent d'une variété à l'autre, on reconnoît que l'hypothèfe de M. de la Hire, quoique féduifante, n'eft point conforme à l'ouvrage de la Nature. C'eft fur quoi il eft néceffaire d'entrer dans un plus grand détail.

Soit *b d c a* (*fig.* 52), un fragment de gypſe cunéiforme. J'ai déjà obſervé que ce fragment faiſoit originairement partie de deux cryſtaux lenticulaires, accolés par une de leurs ſurfaces. Auſſi les côtés *b d*, *c d*, ſont-ils réellement curvilignes, quoiqu'aſſez ſouvent leur courbure ne ſoit pas fort ſenſible (*a*). M. de la Hire lui-même avoit remarqué cette courbure. Si l'on frappe ſur une lame détachée du fragment par une ſection parallèle à l'une de ſes grandes faces, les fractures ſe manifeſteront par des lignes anguleuſes *p a r*, *p s r*, &c. L'angle *p a r* eſt de 106°, & l'angle *p s r* de 120°. Diviſant par 2 chacun de ces angles, pour avoir ceux du triangle *a s p* ou *a s r*, on trouve que l'angle *p s a* ou *r s a* eſt de 60°, & l'angle *p a s* ou *s a r* de 53° : d'où il ſuit que *a p s* ou *a r s* eſt de 70°; ce qui s'accorde avec les meſures priſes ſur le gypſe décaèdre (60). Ces valeurs diffèrent ſenſiblement de celles qui ſont indiquées par M. de la Hire. Mais en employant les moyens les plus exacts que j'aie pu imaginer, & en réitérant les opérations ſur un grand

_____

(1) On obſerve même communément une légère courbure dans les côtés *a b*, *a c*.

nombre de fragmens, j'ai toujours trouvé les mêmes réfultats, à quelques légères différences près.

On voit, par cet expofé, que les triangles *b a d*, *c a d*, doivent être regardés comme des fegmens de deux parallélogrammes *b g d l*, *g c m d*, accolés comme le repréfente la figure. Le côté *g d*, par lequel les triangles font contigus l'un à l'autre, eft toujours une ligne droite. Les deux autres côtés prennent des courbures plus ou moins fenfibles ; & l'on doit concevoir que ces côtés ne font que la fomme des angles extérieurs d'une multitude de molécules conftituantes, entre lefquelles il refte de petits vuides triangulaires, occafionnés par la fuppreffion d'un certain nombre de molécules. Ce fait eft analogue à celui qui a lieu pour le décroiffement des lames de fuperpofition, excepté que, dans ce dernier cas, l'opération de la Nature eft plus régulière & plus également graduée.

Ce n'eft donc que par accident que les triangles *c f h*, *u t x*, &c., qui fe trouvent fur le côté curviligne *c d*, ont à peu près des angles égaux à ceux des triangles *a e n*, *n o s*, &c., & ne paroiffent autre chofe que des élémens femblables à ces mêmes triangles, mais difpofés dans une fituation renverfée.

Au fond, les deux angles extérieurs des triangles *c f h*, *r o u*, &c., sont sujets à une
multitude de variations, à cause de la courbure de la ligne *c d*. Ces variations n'ont
point échappé à M. de la Hire; mais il les
regardoit comme de simples jeux de la Nature. En un mot, sa théorie péchoit, en ce
qu'il pensoit que chacun des triangles extérieurs, tels que *c f h*, étoit originairement
égal à la moitié d'un parallélogramme *e n o r*
de figure primitive; au lieu que ce triangle
n'est autre chose qu'un segment irrégulier
d'un parallélogramme, qui est demeuré incomplet par le défaut d'une partie des molécules qui devoient concourir à sa formation.

65. On trouve à Saint-Germain-en-Laye,
& ailleurs, des crystaux de gypse décaèdre
semblables à celui qui a été décrit plus haut
(60), excepté que l'ordre des trapèzes est
renversé; c'est-à-dire, que ceux qui étoient
les plus grands dans la première variété, sont
les plus petits dans celle dont il s'agit ici, &
vice versâ.

Il y a des crystaux de cette même variété
qui n'ont que huit faces, & qui peuvent
être considérés comme des prismes applatis &
obliques, dont les pans, au nombre de six,

font des parallélogrammes obliquangles , &
dont les bafes font des exagones alongés.
Pour concevoir la ftructure de ce cryftal, il
faut fuppofer que toutes les grandes lames
rhomboïdales dont il eft formé ont une longueur conftante, & décroiffent feulement en
largeur.

Le gypfe à huit faces fert de paffage à
d'autres variétés. Il arrive quelquefois, par
exemple, que le triangle *a c e* (*fig.* 54) man-
que dans les parallélogrammes *a b g h*, qui
repréfentent les grandes faces des lames compofantes, & qu'en même temps le cryftal fe
trouve engagé dans fa matrice par fon extrémité inférieure. Alors il fe forme au fommet
une facette furnuméraire, compofée de la
fomme de tous les bords femblables à *c e*, &
les deux grandes faces du prifme deviennent
des pentagones, tels que *c e n p b*.

66. Concevons de nouveau un cryftal de
gypfe à huit faces, & fuppofons que, fur les
deux lames extrêmes de fuperpofition femblables au parallélogramme *a b g h* (*fig.* 54),
c'eft-à-dire, fur celles qui forment les deux
grandes faces oppofées du prifme, il fe foit
appliqué de nouvelles lames, toujours conftantes dans leur hauteur *c m*, & qui décroif-

L 4

sent seulement en largeur, jusqu'à ce qu'elles soient réduites à une simple arête. Dans ce cas, les exagones, qui terminent le prisme, se changeront en rhombes *a d b g* (*fig.* 55), les deux grandes faces du même prisme disparoîtront, & les quatre autres, telles que *d b f e*, *b g h f*, &c., qui se seront accrues en largeur, formeront les pans d'un prisme tétragone & oblique. J'ai observé cette variété parmi de petits crystaux qui occupoient la cavité d'une géode gypseuse.

Quelques-uns des crystaux dont il s'agit se rapprochoient de la forme arrondie des crystaux lenticulaires, & subissoient encore d'autres modifications de forme que je ne m'arrêterai point à détailler. En général, il n'y a peut-être point de minéral dont les crystaux soient plus sujets à se déformer que le gypse; ce qui suppose une multiplicité d'accidens & d'actions perturbatrices dans la crystallisation de cette espèce de substance anomale.

ARTICLE VII.

Application aux Cryftaux de Grenats.

67. LES cryftaux de ce genre fe refufent, pour l'ordinaire (*a*), par leur dureté, aux différentes fections que l'on tenteroit d'y faire pour en détacher des lames qui euffent le poli naturel. Mais en appliquant ici la théorie que

---

(*a*) Je dis *pour l'ordinaire;* car j'ai obtenu, dans des grenats dodécaèdres, des fections nettes, & d'un affez beau poli, faites parallèlement à leurs faces rhomboïdales; ce qui vient à l'appui de la théorie qui fera expofée dans cet article. Ces fections prouvent encore évidemment que les grenats dont il s'agit ne peuvent avoir la même ftructure, ni les mêmes molécules compofantes, que les cryftaux dodécaèdres dont j'ai parlé N°. 8, & qui reffemblen: à des grenats, excepté qu'ils font affez fouvent d'une couleur verdâtre, & que les' ftries qui fillonnent leurs faces, indiquent, ainfi que je l'ai expliqué au même endroit, qu'ils font compofés de molécules cubiques. Or, des cryftaux dont les molécules font effentiellement différentes de celles des grenats reconnus pour tels, ne peuvent être du même genre ; & il faut néceffairement que ceux dont je viens de parler foient, comme je l'ai dit, d'une nature particulière. (*Voyez pag.* 59, *Note* 1).

j'ai déduite des observations faites fur les cryftaux qui fe laiffent facilement entamer, & en profitant des indices extérieurs de cryftal-lifation, qui annoncent la pofition des lames, je crois être parvenu à expliquer la ftructure des grenats de la manière la plus vraifemblable.

Forme primitive.

GRENAT DODÉCAÈDRE (*Pl. VI, fig. 56*). Grenat à douze faces. DAUBENT. *Tableau minér.*

Développement. Douze rhombes égaux & femblables entr'eux. L'angle obtus *a c d* ou *a b d* de ces rhombes (*fig. 57*), eft de 109° 28ʹ 16ʺ; & l'angle aigu *b a c* ou *b d c* = 70° 31ʹ 44ʺ.

68. Le grenat dont il s'agit peut être confidéré comme un affemblage de quatre rhomboïdes, ayant leurs angles plans égaux à ceux du rhombe *a b d c*, & difpofés de manière qu'ils ont un de leurs fommets obtus au centre du dodécaèdre, & l'autre fommet à découvert (*a*). Les trois rhombes qui fe

_____

(*a*) Cette manière de concevoir la ftructure des grenats, que j'ai vue depuis expofée ailleurs, fe trouve dans un Mémoire que j'ai préfenté à l'Académie, fur ce genre de cryftaux, vers la fin de l'année 1780.

réuniffent pour former un de ces derniers
fommets, font repréfentés par *ab dc, ca o n,
c d e n* (*fig.* 56). Chacun de ces mêmes rhomboïdes doit être cenfé divifible en un nombre
cubique de petits rhomboïdes égaux entr'eux,
& femblables à celui dont ils font partie ;
d'où il fuit que le grenat dodécaèdre eft auffi
l'affemblage d'une multitude de ces petits
cryftaux. Mais il eft très-vraifemblable que fi
l'on pouvoit faire dans le grenat des coupes
nettes, & qui euffent le poli de la Nature,
les petits rhomboïdes dont il s'agit fe fous-
diviferòient encore en d'autres folides plus
petits, & d'une forme différente, qui feroient
des tétraèdres tous égaux & femblables entre
eux. Voici les raifons fur lefquelles cette vue
eft fondée.

J'ai d'abord obfervé, en général, par rapport à tous les cryftaux qui fe laiffent entamer, que leur noyau étoit toujours divifible
parallèlement à fes différentes faces ; & l'analogie nous porte à croire qu'il en feroit de
même du noyau dodécaèdre des grenats, s'il
fe prêtoit à une divifion mécanique (*a*).

─────────────────────────────

(*a*) Cette divifion a quelquefois lieu, jufqu'à un certain point, comme je l'ai dit dans la *Note du N°.* 67.

De plus, on trouve de ces grenats qui font incomplets, de la même manière que fi l'on en eût détaché une lame par une fection parallèle à l'une de leurs faces. La coupe de ces grenats préfente alors une face exagone, qui a quatre grands côtés & deux petits; ce que l'on concevra, en jettant les yeux fur un grenat dodécaèdre parfait, & en le fuppofant coupé, comme je viens de l'expliquer. Or, il eft très-probable que l'Art auroit pu opérer, à l'aide d'une divifion mécanique, le même retranchement qui a lieu ici par une modification des loix de la Nature, fi le cryftal eût été divifible.

Concevons donc que l'on ait fait dans un grenat dodécaèdre différentes fections parallèles à fes douze faces. Il eft aifé de voir que ces fections diviferont les petits rhomboïdes dont le dodécaèdre eft cenfé compofé, de manière qu'elles pafferont par les petites diagonales des faces oppofées de ces mêmes rhomboïdes. Or, en divifant un rhomboïde, comme il vient d'être dit, on en retire fix tétraèdres égaux & femblables, & dont les faces font pareillement femblables & égales entr'elles. Deux de ces faces ont pour côtés l'axe du rhomboïde, la petite diagonale d'un des rhombes, & le côté du rhombe adjacent dans l'autre partie du cryftal (a). Les deux autres faces font exactement les moitiés des mêmes rhombes, en fuppofant ceux-ci divifés dans le fens de leur petite diagonale.

Les tétraèdres dont il s'agit me femblent être les véritables molécules conftituantes des grenats. Ce qui confirme cette hypothèfe, c'eft qu'on ne peut, fans y avoir recours, expliquer, ainfi que nous le verrons bientôt, d'une manière fatisfaifante & conforme à la théorie que j'ai établie, les décroiffemens des lames du grenat dans le paffage du dodécaèdre à la forme des cryftaux fecondaires.

69. La recherche des angles plans du grenat dont il s'agit, n'eft qu'un fimple problême de Géométrie, qu'il eft facile de réfoudre. Ce cryftal a quatorze angles folides, dont huit font formés par la réunion de trois angles plans, & les fix autres par celle de quatre angles plans. Or, il eft aifé de voir d'abord

---

(a) Si l'on cherche, par le calcul, la valeur de l'axe du rhomboïde dont il s'agit, on trouvera que cet axe eft égal au côté du rhombe; d'où il fuit que les faces du tétraèdre font des triangles ifocèles tous égaux & femblables.

qu'une ligne droite, menée du fommet d'un des angles folides compofés de quatre plans au centre du cryftal, eft la petite diagonale d'un des rhombes qui forment les faces inté-rieures des quatre rhomboïdes dont le cryftal peut être cenfé compofé.

De plus, fi l'on trace les grandes diago-nales de quatre rhombes extérieurs, en faifant le tour du dodécaèdre, ces diagonales forme-ront un quarré, dont la diagonale, paffant néceffairement par le centre du cryftal, fera par conféquent double de la petite diagonale d'un des rhombes du dodécaèdre.

Il fuit de-là que la grande diagonale du rhombe eft à la petite comme le côté du quarré eft à la moitié de fa grande diagonale, c'eft-à-dire, dans le rapport de 1 à $\frac{1}{2}\sqrt{2}$, ou de 2 à $\sqrt{2}$. Donc prenant les moitiés des deux diagonales du rhombe, nous pouvons faire $n\,d$ (*fig.* 57) $= 2$, & $b\,n = \sqrt{2}$. Le triangle rectangle $b\,n\,d$, réfolu d'après ces va-leurs, donne pour la tangente de l'angle $n\,b\,d$ le nombre 101505150, qui répond à 54° 44′ 8″. Donc l'angle $a\,b\,d = 109° 28′ 16″$, & l'angle $b\,a\,c = 70° 31′ 44″$.

Formes secondaires.

GRENAT A VINGT-QUATRE FACES. *Id.* DAUB. *Tableau minér.*

Développement. Vingt-quatre quadrilatères égaux & semblables entr'eux, tels que $g\,o\,e\,p$ (*fig.* 58). L'angle $o\,e\,p = 117°\ 2'\ 8''$. $g\,o\,e = g\,p\,e = 82°\ 15'\ 3''$. $o\,g\,p = 78°\ 27'\ 46''$.

70. Concevons que des lames rhomboïdales, semblables à celles que l'on détacheroit par des sections faites parallèlement aux faces du grenat dodécaèdre, soient empilées sur ces mêmes faces, mais aillent en diminuant, suivant une loi uniforme, jusqu'à ce qu'elles soient réduites à un point. Il résultera de cette accumulation douze pyramides quadrangulaires, qui reposeront par leurs bases sur les faces du dodécaèdre. Supposons de plus que les décroissemens des lames de superposition se fassent suivant une loi telle que les faces adjacentes des pyramides voisines se trouvent deux à deux sur un même plan. Soient $g\,a\,n\,e$, $g\,b\,m\,e$, $m\,d\,n\,e$ (*fig.* 59), trois rhombes du dodécaèdre; $g\,e\,p$, $g\,e\,o$, les faces adjacentes de deux pyramides voisines dans le cristal secondaire; $p\,e\,n$, $r\,e\,n$, deux autres faces pareillement adjacentes, &c. Ces faces

formeront, par leur réunion, des quadrilatères $g o e p$, $p e r n$, &c., dans lefquels on aura $g p = g o$, & $p e = e o$; & d'une autre part $p n = r n$, $p e = r e$, &c. Mais le point p étant plus éloigné de l'angle aigu g, que de l'angle obtus e, on aura auffi $p g$ plus grand que $p e$, &, par la même raifon, $o g$ plus grand que $e o$, &c.; ce qui eft d'accord avec l'obfervation.

Les douze pyramides furajoutées au noyau donnent quarante-huit triangles; & divifant ce nombre par deux, à caufe du niveau des faces adjacentes, on aura vingt - quatre quadrilatères pour la totalité des faces du cryftal fecondaire.

En obfervant avec foin les quadrilatères dont il s'agit, on y apperçoit très - fouvent des ftries parallèles aux grandes diagonales $g e$, $e n$, $e m$ de ces quadrilatères, & qui indiquent les joints des lames de fuperpofition; & le fens dans lequel elles font appliquées l'une fur l'autre (a).

Examinons maintenant d'une manière plus

(a) Je fuis même parvenu à divifer des grenats volcanifés de Pompéia, par des coupes nettes qui annonçoient l'application des lâmes l'une fur l'autre, telle que je viens de l'expliquer.

particulière

particulière la ſtructure d'une de ces lames.
Il eſt aiſé de voir d'abord que la ſurface
ſupérieure de cette lame eſt un rhombe *domg*
(*fig.* 60), ſemblable à ceux qui forment les
faces du noyau ; que ſa ſurface inférieure
eſt un exagone *ablcne*, dans lequel les côtés
ab, *cn*, ſont nuls pour nos ſens ; puiſqu'il
faut ſuppoſer la lame preſqu'infiniment mince.
Les rebords ſont au nombre de ſix, dont
deux triangulaires *adb*, *nmc*, ſitués perpendiculairement par rapport aux deux grandes
faces. Les quatre autres rebords ſont des parallélogrammes obliquangles alongés *dblg*,
glcm, &c., dont les plans ſont inclinés à
angles obtus, & de la même quantité ſur
celui du rhombe *domg*. Suppoſons deux ſections faites l'une ſur *dg*, l'autre ſur *gm*, parallèlement aux rebords *adoe*, *eomn* (ces
ſections ſont poſſibles, d'après les diviſions
indiquées dans le cryſtal) : alors la lame ſe
trouvera partagée en une lame rhomboïdale,
dont les rebords oppoſés deviendront parallèles, & qui ſera un aſſemblage de petits
rhomboïdes ſemblables à ceux dont nous avons
parlé plus haut (68), plus un reſte, qui,
étant diviſé par des ſections faites parallèlement aux plans des triangles *abd*, *mnc*,
donnera des demi-rhomboïdes, dont chacun

fera formé de trois tétraèdres pareils à ceux
que nous avons confidérés (68) comme les
molécules intégrantes du grenat. Or, les
rhomboïdes qui compofent la lame rhomboïdale adjacente, étant divifibles chacun en fix
tétraèdres de la même forme, il s'enfuit que
la lame entière *a b l c m e* n'eft auffi qu'un affemblage de ces mêmes tétraèdres.

De plus, on concevra, avec un peu d'attention, qu'une rangée de rhomboïdes répond
à deux rangées de tétraèdres. Or, fi l'on
confidère les décroiffemens des lames de fuperpofition par rapport aux rebords *a d o e, e o m n,*
on conclura, par un raifonnement femblable
à celui que nous avons déjà fait (15), que
les fouftractions doivent fe faire, fur ces rebords, par une fimple rangée de rhomboïdes,
ou, ce qui revient au même, par deux rangées de tétraèdres, pour que les faces adjacentes des pyramides voifines fe trouvent de
niveau ; d'où il fuit que les décroiffemens fe
feront auffi fur les rebords oppofés *d b l g,*
g l c m, par deux rangées de tétraèdres. Mais
quoiqu'une rangée de rhomboïdes foit équi-
valente, comme je l'ai obfervé, à une double rangée de tétraèdres, il ne faut pas en
conclure que la lame, repréfentée par la *fig.* 60,
puiffe être uniquement compofée de rhom-

boïdes ; puifque, de quelque manière que l'on fous-divife cette lame pour en détacher des rhomboïdes entiers, il y aura toujours un refte, qui ne peut plus être compofé que de té-traèdres.

Si l'on fuppofoit nulles les parties qu'on intercepteroit par les fections faites fur *dg*, *gm*, ainfi que je l'ai expliqué plus haut, & qui font l'excédent des lames rhomboïdales auxquelles ces parties font adjacentes, dans ce cas, toutes les arètes *mg*, *gd*, &c., des lames de fuperpofition, ferqient encore de niveau avec celles des lames qui formeroient la force triangulaire voifine; ce qui réduiroit le cryftal entier à de fimples rhomboïdes. Mais alors les rebords des lames de fuperpofition feroient, d'un côté, un angle obtus, & de l'autre un angle aigu avec les furfaces des lames placées immédiatement au-deffous. Or, il paroît plus naturel de fuppofer cet angle aigu rempli par des tétraèdres, puifque cette difpofition établit une fymétrie parfaite entre les parties correfpondantes du cryftal.

Une nouvelle raifon vient ici à l'appui de ce que j'ai dit (68) fur la réduction du noyau en molécules de figure tétraèdre. J'ai déjà obfervé (Note du n°. 70), que le gre-nat à vingt-quatre faces étoit quelquefois

affez tendre pour être entamé par un infru-
ment tranchant, & que ce cryftal fe divifoit
par des fections qui paffoient entre les grandes
faces des lames de fuperpofition. Or, il réfulte
des obfervations faites fur les cryftaux divifibles, qu'une divifion commencée peut toujours être continuée dans le même fens, en
allant de la furface au centre du cryftal. D'où
il réfulte que toutes les divifions fuppofées
dans le grenat à vingt-quatre faces étant parallèles aux faces du noyau, celui-ci fe fous-
diviferoit auffi parallèlement à ces mêmes faces;
ce qui conduit encore à des molécules tétraèdres, comme nous l'avons vu dans l'article
cité ci-deffus (a).

On pourroit objeſter que l'explication précédente paroît contraire à ce que j'ai avancé
(15); favoir, que, dans le cas où les faces
adjacentes font de niveau, les décroiffemens
fe font fuivant la loi la plus fimple & la plus
régulière, puifque cette loi doit être celle qui
n'exige qu'une rangée de molécules fouftraites,
au lieu qu'il y a ici fouftraction de deux rangées de tétraèdres. Mais on concevra aifé-

---

(a) On verra, ci-après (74), que les cryftaux de blende
fe divifent exactement de la même manière par des coupes
très-nettes.

ment que s'il ne se faisoit qu'une souftraction d'une simple rangée de molécules, les faces adjacentes, composées de la somme des arêtes des lames de superposition, seroient entr'elles des angles rentrans. Or, il paroît que les loix primitives de la Cryftallifation excluent tout angle rentrant dans les cryftaux, puisqu'on ne connoît aucun exemple d'une substance cryftallifée, où les faces voisines forment en- tr'elles des angles de cette nature, si ce n'est dans les minéraux qui font composés de deux moitiés d'un cryftal, réunies fans doute par accident, & retournées en fens contraire, comme l'a très - bien obfervé M. Demefte (a), par rapport à quelques variétés du gypfe. Cela pofé, fi la loi dont il s'agit n'eft pas en elle-même la plus fimple que l'on puiffe ima- giner, du moins a-t-elle réellement la plus grande fimplicité poffible, dans l'hypothèfe des loix actuelles auxquelles eft foumife la Cryftal- lifation; ce qui me femble fuffire pour lever la difficulté.

71. Il ne s'agit plus que de déterminer, par le calcul, la valeur des angles plans du grenat à vingt - quatre faces. Soient $g f h e$, $g n m e$ ($fig.$ 61), deux faces adjacentes du noyau;

_____

(a) Lettres, Tom. I, p. 358.

g o e p, une des faces quadrilatères du cryftal fecondaire. Ayant mené du point *o* une perpendiculaire fur le plan du rhombe *g f h e*, cette ligne tombera fur le centre *b* de ce rhombe. Menons encore les diagonales *g e*, *o p* du quadrilatère, & la ligne *c b*, qui fera perpendiculaire fur *ge*. Cela pofé, il eft facile de voir que les deux rhombes *g f h e*, *g n m e*, pouvant être confidérés comme deux des faces d'un prifme exagone régulier, l'angle que ces faces formeront entr'elles fera de 120°. Donc l'angle *o c b*, qui eft la moitié du fupplément de cet angle, fera de 30°. Donc *c o b*

$$= 60°; \text{ donc } \overline{c\,o}^2 = \overline{c\,b}^2 + \overline{b\,o}^2 = \overline{c\,b}^2 + \tfrac{1}{4}\overline{c\,o}^2;$$

d'où l'on tire $\tfrac{3}{4}\,\overline{c\,o}^2 = \overline{c\,b}^2$.

Maintenant, dans le triangle rectangle *g b e* (*fig.* 62) *, la ligne *b c* eft une perpendiculaire abaiffée de l'angle droit fur l'hypothénufe. De plus, $g\,b = \sqrt{4}$ (69), $b\,e = \sqrt{2}$, & $g\,e = \sqrt{6}$. Donc $c\,g = \dfrac{\overline{g\,b}^2}{g\,e} = \dfrac{4}{\sqrt{6}}$, &

$c\,e = \dfrac{\overline{b\,e}^2}{g\,e} = \dfrac{2}{\sqrt{6}}$. Donc $c\,b^2 = g\,c \times c\,e =$

---

*Le rhombe *g f h e* eft ici le même que celui de la *fig.* 61.

$$\frac{4 \times 2}{\sqrt{6} \times \sqrt{6}} = \frac{8}{6} = \frac{4}{3}.$$ Subſtituant dans l'équa-

tion $\frac{3}{4}\overline{co}^2 = \overline{cb}^2$, on aura $\frac{3}{4}\overline{co}^2 = \frac{4}{3}$; d'où l'on

tire $\overline{co}^2 = \frac{16}{9}$, & $co = \frac{4}{3}$.

Dans le triangle $c\,o\,g$ (*fig. 61*), nous con-

noiſſons donc $co = \frac{4}{3}$; $cg = \frac{4}{\sqrt{6}}$, & l'an-

gle $c = 90°$.

Or, $r :$ tang. $g :: cg : co :: \frac{4}{\sqrt{6}} : \frac{4}{3} :: 3 : \sqrt{6}$.

Le réſultat du calcul donnera pour la tangente de l'angle g le nombre 9919543, qui appartient à $39° 13' 53''$. Donc l'angle $pgo = 78° 27' 46''$.

Maintenant, dans le triangle $c\,e\,o$, nous

avons $co = \frac{4}{3}$, $ce = \frac{2}{\sqrt{6}}$, & l'angle $c = 90°$.

Mais $r :$ tang. $e :: ce : co :: \frac{2}{\sqrt{6}} : \frac{4}{3} :: 3 : \sqrt{24}$.

On trouvera, d'après cette proportion, pour la tangente de l'angle e, le nombre 10129843, qui répond à $58° 31' 4''$. Donc l'angle $oep = 117° 2' 8''$; d'où l'on conclura que chacun des angles goe, gpe, eſt de $82° 15' 3''$.

M 4

GRENAT A TRENTE-SIX FACES. *Id.* DAUBENT. *Tabl. minér.*

Développement. Douze rhombes *a b d c* (*fig.* 57), femblables à ceux du grenat dodécaèdre (68). Vingt-quatre exagones alongés *g r s e t u* (*fig.* 58). L'angle $rgu = 78°\ 27'\ 46''$. $set = 117°\ 2'\ 8''$. grs ou $gut = 140°\ 46'\ 7''$. esr ou $etu = 121°\ 28'\ 56''$.

72. Concevons que l'accumulation des lames décroiffantes, qui a donné la variété précédente, foit arrêtée tout-à-coup à une certaine hauteur, en forte qu'il n'y ait fur les douze faces du noyau que des pyramides naiffantes, au lieu de pyramides entières : alors les faces fupérieures de toutes les lames extrêmes donneront douze rhombes *u p o t*, *m n l k*, *r s h q*, &c., femblables aux rhombes *a b g e*, *g f d e*, &c., qui formoient les faces du noyau, & feulement plus petits; & au lieu des quadrilatères *g o e p*, *p n r e*, &c. (*fig.* 59), on aura vingt-quatre exagones alongés *g r s e t u*, *a o t e m n*, &c. (*fig.* 63), interpofés entre les douze rhombes; ce qui féra en tout trente-fix faces. On voit, par cet expofé, que la forme du grenat dont il s'agit ici, eft intermédiaire entre celle du grenat dodécaèdre, & celle du grenat à vingt-quatre faces.

73. Les angles plans des exagones font très-faciles à déterminer ; car ayant tracé un des quadrilatères *g o e p* (*fig.* 58) du grenat à vingt-quatre faces , fi l'on mène la diagonale *g e* , & les lignes *r s* , *u t* , parallèles à *g e* , & également diftantes de cette ligne , on aura un exagone *g r s e t u* , dont les angles feront égaux à ceux de l'exagone du grenat à trente-fix faces. Or , nous avons déjà trouvé ci-deffus (71) l'angle *r g u* de 78° 27′ 46″ , & l'angle *s e t* de 117° 2′ 8″. De plus , il eft aifé de voir que les angles *g r s* ou *g u t* d'une part , & *e s r* ou *e t u* de l'autre , font les fup-plémens des angles *r g e* & *g e s* ; d'où il fuit que l'on aura *g r s* = *g u t* = 180°—(39° 13′ 53″) = 140° 46′ 7″ , & *e s r* = *e t u* = 180°—(58° 31′ 4″) = 121° 28′ 56″ (*a*).

(*a*) Le grenat dodécaèdre peut fournir à la Géométrie une application du calcul *de maximis & minimis.* Ayant cherché , à l'aide de ce calcul , quel étoit de tous les folides à douze faces rhomboïdales celui qui , à capacité égale , avoit la plus petite furface , j'ai trouvé que les faces de ce folide font des rhombes égaux & femblables entr'eux , dans lefquels le rapport des deux diagonales eft celui de 1 à $\sqrt{\frac{1}{2}}$, comme on l'a déterminé plus haut ; c'eft-à-dire , que le folide dont il s'agit eft parfaitement femblable au grenat dodé-caèdre. Ce problême a beaucoup de rapport avec un

ADDITION à l'article précédent.

74. Quoique je ne me fois point propofé de faire entrer dans cet Effai ce qui concerne les fubftances métalliques, je crois cependant

---

autre qui a été réfolu par plufieurs Auteurs, & dans lequel on propofe de déterminer l'angle du fommet de l'alvéole des abeilles, qui donne le *minimum* de furface. Le folide, qui repréfente cette alvéole, a pour bafe un exagone régulier, & pour faces latérales fix trapèzes avec un fommet formé de trois rhombes. Dans les folutions que j'ai vues de ce dernier problème, on ne fait varier que la grande diagonale des rhombes du fommet; en forte que l'on n'a le *minimum* de furface que par rapport à ce fommet. Si l'on vouloit réfoudre le problème dans toute fon étendue, en faifant varier auffi la hauteur de l'efpèce de prifme formé par les trapèzes latéraux, on trouveroit que, pour avoir le *minimum* de furface, il faut prendre la moitié d'un dodécaèdre femblable à celui du grenat, & coupé dans une direction perpendiculaire à l'axe de ce dodécaèdre. L'alvéole des abeilles a une hauteur beaucoup plus confidérable que celle d'un pareil folide. Mais cette dimenfion eft affortie aux ufages de ces alvéoles, qui ne font pas feulement deftinées à recevoir le miel, mais encore à fervir de logement aux abeilles nouvellement éclofes, qui y reftent jufqu'à ce que leur développement foit achevé, ainfi que le remarque M. Maraldi, Mémoires de l'Académie des Sciences, 1712, *Obfervation fur les Abeilles.*

devoir ajouter ici le réfultat des obfervations que j'ai faites fur les blendes, dont la ftru&ure eft abfolument la même que celle des grenats. On connoît des cryftaux de blende à vingt-quatre faces, dont douze font des trapézoïdes, tels que *ateu, atiq, auhq*, &c. (*fig.* 64), & les douze autres des triangles ifocèles alongés *hux, eux*, &c., réunis deux à deux par leurs bafes, & interpofés entre les quadrilatères, ainfi que le repréfente la *figure*. J'ai divifé un affez grand nombre des cryftaux dont il s'agit, par des coupes très-nettes, parallèlement aux douze quadrilatères. Ces divifions emportent peu à-peu les douze triangles ifocèles; & lorfque ceux-ci ont entièrement difparu, le folide fe trouve réduit à un dodécaèdre à plans rhombes, qui a exa&ement la même figure que celui du grenat (*fig.* 56). Quand ces dodécaèdres ont été extraits d'une blende rougeâtre, ils reffemblent tellement à des grenats, que l'on feroit tenté de s'y méprendre au coup-d'œil, fans la différence du poli, qui eft beaucoup plus vif dans la blende. Si l'on fous-divife ces mêmes dodécaèdres toujours parallèlement à leurs faces, la divifion donne en dernière analyfe des tétraèdres irréguliers à faces triangulaires ifocèles, tels que ceux qui ont été décrits (68).

Il est donc extrêmement probable que les molécules de la blende sont de la même forme que celles du grenat (a). Les tétraèdres dont je viens de parler, combinés de diverses manières, d'après les loix de Crystallisation que j'ai exposées dans cet Ouvrage, produisent de nouveaux tétraèdres à faces équilatérales, des octaèdres réguliers, des parallélipipèdes obliquangles, & d'autres polyèdres de diverses figures indiquées par différens Auteurs, & en particulier par le savant M. Born, dans son *Lithophylacium*, Ire. Part., p. 132 & suiv.

ARTICLE VIII.

Application aux Topazes du Brésil & de Saxe.

75. LES deux topazes, qui sont l'objet de cet article, forment deux sortes de pierres distinguées l'une de l'autre par plusieurs caractères sensibles, & en particulier par celui de la couleur, dont M. Daubenton a su tirer un

---

(a) Voyez ce qui a été dit (Introduction, p. 36) sur cette ressemblance des molécules dans des cryftaux de nature différente.

parti fi ingénieux, en graduant les teintes des divers cryftaux gemmes proportionnellement à celles que l'on obferve dans le fpectre folaire produit par la réfraction de la lumière à travers le prifme de Newton (a). Dans cette graduation, la topaze de Saxe correfpond au jaune fimple, & celle du Bréfil au mélange du jaune & de l'orangé. Cependant j'ai cru devoir réunir ici fous un même point de vue les deux topazes dont il s'agit, parce qu'elles font compofées de molécules conftituantes femblables entr'elles; & quoiqu'au premier coup - d'œil elles paroiffent annoncer des différences marquées, même par rapport à leurs formes extérieures, j'ai reconnu, en examinant celles-ci avec attention, & d'après la ftructure des cryftaux, qu'elles étoient originaires d'une même forme primitive, qui eft feulement moins apparente dans la topaze de Saxe, & comme déguifée par un plus grand nombre de facettes furnuméraires.

Je ne fache pas que la forme primitive de ces cryftaux ait été encore vue ifolée. Cette forme, ainfi qu'on le verra dans la fuite, feroit celle d'un prifme quadrangulaire, dont

(a) Mém. de l'Acad. des Sciences, ann. 1740.

les pans font des rectangles, & les deux bafes
des rhombes ayant leurs angles à - peu - près
de 124° 30', & 55° 30'. La forme dont il
s'agit exifte, en quelque forte, par parties
dans les deux topazes ; car celle du Bréfil fe
préfente affez communément fous la forme
d'un prifme tel que je viens de le décrire ,
mais furmonté d'une pyramide , & la topaze
de Saxe fe trouve fouvent terminée par deux
faces horizontales : mais outre qu'il y a un commencement de pyramide, le prifme eft à huit
pans inégaux entr'eux.

76. Quant aux molécules conftituantes des
topazes, elles font auffi des prifmes droits ,
qui ont leurs bafes femblables à celles du
cryftal de forme primitive, & dont la hauteur
eft une moyenne proportionnelle entre la
grande diagonale des rhombes de la bafe , &
une ligne double de la largeur des mêmes rhombes, comme je le prouverai dans le cours de cet
article.

TOPAZE DU BRÉSIL.

Formes fecondaires.

TOPAZE DU BRÉSIL EN PRISME DROIT
RHOMBOÏDAL , TERMINÉ PAR UNE ET QUEL-

QUEFOIS DEUX PYRAMIDES A QUATRE FACES TRIANGULAIRES (*Pl. VII*, *fig.* 65). Topaze du Bréfil. DAUBENT. *Tabl. minér.*

Développement. Quatre rectangles alongés & égaux entr'eux, tels que *b o h t*, *s o h g*, &c., formant les pans du prifme.

Quatre triangles fcalènes , tels que *a b o* (*fig.* 65 & 66), formant les faces des pyramides. L'angle *a b o* = 37° 11'. *a o b* = 69° 55'. *b a o* = 72° 54'.

77. Le tiffu de cette topaze eft feuilleté , ainfi que celui de la topaze de Saxe, & les lames qu'on en détache, en la clivant, font placées parallèlement aux bafes du prifme, & ont leurs grandes faces liffes & brillantes. Quoiqu'en effayant de fous - divifer ces lames on ne puiffe obtenir que des fragmens irréguliers, probablement parce que les faces latérales des molécules ayant beaucoup plus d'étendue que les bafes , ont auffi entr'elles une adhéfion beaucoup plus forte (*a*), cependant on ne peut douter, ce me femble , que les lames dont il s'agit ne foient des affemblages de petits prifmes droits , dont les pans font parallèles à ceux du prifme total. Cette induction fuit naturellement de l'analogie des autres

(*a*) Voyez la Note de la page 51.

cryftaux ; & d'ailleurs nous verrons que les réfultats des calculs faits d'après cette hypothèfe fe trouvent d'accord avec l'obfervation.

Quant aux pyramides qui terminent le prifme, elles font produites par les décroiffemens des lames de fuperpofition, dont la loi fera déterminée plus bas. Le prifme eft prefque toujours cannelé irrégulièrement dans le fens de fa hauteur; ce qui fuppofe des fouftractions inégales, & pour ainfi dire intermittentes, de différentes files longitudinales de molécules conftituantes. Ce n'eft pas la première fois que j'aie vu les lames compofantes d'un cryftal fuir en quelque forte par leur difpofition en retraite fur les faces primitives. J'ai obfervé entr'autres des rhomboïdes de fpath calcaire femblables au fpath d'Iflande, dont les faces étoient inégalement ftriées dans des fens parallèles aux arêtes du rhomboïde.

TOPAZE DU BRÉSIL EN PRISME DROIT A HUIT PANS, TERMINÉ PAR UNE OU DEUX PYRAMIDES A QUATRE FACES QUADRILATÈRES (*fig.* 67).

Développement. Quatre rectangles alongés, tels que *codu*, *odlr*, &c., formant quatre des pans du prifme. Quatre trapèzes *r s g l*, *c b t u c b t u* (*fig.* 67 & 68), formant les quatre autres pans du prisme. Quatre quadrilatères irréguliers, tels que *a o r s* (*fig.* 67 & 69), qui font les faces des pyramides.

Angles des trapèzes *s r l* = *g l r* = 108° 23′. *r s g* = *l g s* = 71° 37′.

Angles des quadrilatères *o a s* = 72° 54′. *a o r* = 69° 55′. *a s r* = 63° 7′. *o r s* = 154° 4′.

78. Il arrive affez fouvent que les fouftractions de molécules, qui forment les ftries ou les cannelures, dont le prifme de la topaze du Bréfil eft fillonné, fe font régulièrement, depuis un certain terme, felon une loi qui fera déterminée dans la fuite. Alors le prifme eft à huit pans, dont quatre rectangles, réunis deux à deux fur les arêtes *o d* (*fig.* 67), & celle qui lui eft oppofée; ces rectangles font évidemment les réfidus des pans du prifme primitif. Les quatre autres pans, qui font, comme on l'a vu, des trapèzes, anticipent fur les pyramides terminales; en forte que les faces de celles-ci, qui étoient triangulaires dans la première variété, deviennent, dans le cas préfent, des quadrilatères tels que ceux qui ont été décrits.

Comme on retrouve ces mêmes pans beaucoup mieux prononcés dans le prifme de là

N

topaze de Saze, & que d'ailleurs cette dernière fournit plus de données que l'autre,
pour déterminer la loi des décroiſſemens des
lames & la hauteur des molécules conſtituantes, je renvoie à l'article ſuivant tout ce
qui concerne ces différens objets, qui ſont,
ainſi que nous le verrons, communs aux deux
topazes, avec quelques modifications de plus
par rapport à celle de Saxe.

TOPAZE DE SAXE.

Forme ſecondaire.

TOPAZE EN PRISME A HUIT PANS, TERMINÉ
PAR UNE OU DEUX PYRAMIDES INCOMPLETTES
A SIX FACES (*fig.* 70).* Topaze de Saxe. DAUB.
Tabl. minér.

Développement. Quatre rectangles étroits,
tels que *t s k i*, *t ſ p i* (*fig.* 70 & 74), qui
ſont les réſidus des faces primitives du priſme,
comme dans la topaze du Bréſil à priſme
octogone. Quatre pentagones irréguliers *s u nχ k*

(*) Je ſuppoſerai, dans cet article, que le priſme n'a
que ſon extrémité ſupérieure qui ſoit en pyramide, l'extrémité inférieure étant preſque toujours engagée dans la
gangue du cryſtal.

(*fig.* 70 & 76), formant les quatre pans larges du prifme.

Un exagone un peu irrégulier *a b o e r c* (*fig.* 70 & 72), qui remplace le fommet de la pyramide. Deux pentagones *e u n g r* (*fig.* 70 & 73), ayant leurs côtés égaux deux à deux, & leurs fommets *n*, fitués fur les arètes *n ʒ*, qui joignent les pans larges du prifme. Quatre autres pentagones plus irréguliers *b d f t o*, *o t s u e*, &c. (*fig.* 70 & 75), qui forment les quatre autres faces de la pyramide incomplette, & correfpondent chacun à un pan étroit du prifme, & à une partie du pan large voifin.

Angles des pentagones *s u n ʒ k* (*fig.* 76). *u s k* = 108° 23'. *u n ʒ* = 123° 34'. *s u n* = 128° 3'. *s k ʒ* = *n ʒ k* = 90°.

Angles de l'exagone *a b o e r c* (*fig.* 72). *b o e* = *a c r* = 124° 25'. *o e r* = *e r c* = *c a b* = *a b o* = 117° 47'.

Angles du pentagone *e u n g r* (*fig.* 73). *r e u* = *e r g* = 110° 44'. *e u n* = *r g n* = 122° 6'. *u n g* = 74° 20'.

Angles du pentagone *o t s u e* (*fig.* 75). *e o t* = 110° 5'. *o e u* = 115° 30'. *e u s* = 90° 26'. *u s t* = 154° 4'. *o t s* = 69° 55'.

79. Telle eft la forme fous laquelle fe préfente affez communément la topaze de Saxe;

mais cette forme eſt ſujette à beaucoup de variations, dont les plus intéreſſantes, relativement à l'explication de ſa ſtructure, ſont de nouvelles facettes, qui doublent les faces latérales de la pyramide incomplette ; en ſorte que ces faces changent d'inclinaiſon, & ſe relèvent en arêtes parallèles au côté correſpondant de l'exagone terminal. (*Voyez la figure* 71). Par cette nouvelle diſpoſition, les pentagones *b d f t o*, *o t s u e* (*fig.* 70), ſe trouvent réduits aux pentagones *ʒ d f t m*, *q u s t m* (*fig.* 71), & leur partie ſupérieure eſt remplacée par une facette ſurnuméraire *b' ʒ m o'* ou *o' m q e'*. La figure des autres pentagones, tels que *e u n g r* (*fig.* 70), ſe trouve modifiée de manière que ce qui reſte de leur ſurface eſt un octogone *e' q u y γ g π r'* (*fig.* 71). Quant à leur partie inférieure, elle eſt remplacée par un triangle iſocèle *γ n' y*. La figure des pans pentagones *s u n ʒ k* (*fig.* 70) du priſme ſe trouve altérée à proportion, & devient un exagone *s u y n' ʒ k* (*fig.* 71). On a, dans ce cas, treize faces pour la pyramide, outre les huit faces ordinaires du priſme. Ces différentes faces ſont encore ſuſceptibles de varier, ſuivant les poſitions où ſe trouvent les arêtes *ʒ m*, *m q*, *y γ*, &c.

80. En meſurant avec ſoin les inclinaiſons

qu'ont entr'elles, & avec les pans du prifme, les faces de la pyramide modifiée, comme je viens de l'expofer (a), j'ai trouvé l'angle formé par la face pentagone m q u s t (fig. 71) avec le pan rectangle t s k i du prifme, fenfiblement égal à l'angle formé par la face octogone e' q u y γ g π r' avec l'exagone terminal a' b' o' e' r' c'. De plus, chacun de ces deux angles eft, à très-peu de chofe près, de 136°.

D'après ces données, la feule hypothèfe dans laquelle les réfultats du calcul foient conformes aux autres obfervations que l'on peut faire fur le cryftal, eft celle d'une loi de décroiffement, par une fimple rangée de molécules pour la face triangulaire y n' γ ; par deux rangées de molécules pour la face octogone adjacente e' q u y γ g π r' ; par deux rangées encore pour la face pentagone q u s t m; & enfin par trois rangées pour la face quadrilatère adjacente o' m q e'. Mais avant de paffer aux réfultats qui fuivent de ces diverfes fup-

_____

(a) J'ai mefuré ces inclinaifons fur une très-belle aiguemarine d'un volume confidérable, qui fe trouve au Cabinet du Roi. On fait que la forme de ce cryftal gemme eft abfolument la même que celle de la topaze de Saxe.

pofitions, il faut déterminer la hauteur des molécules prifmatiques conftituantes.

81. Soit $l\,d\,m$ (*fig.* 77) le triangle menfurateur, par rapport aux décroiffemens des lames qui forment la face $m\,q\,u\,s\,t$ (*fig.* 71), & $l\,d\,h$ (*fig.* 81) le triangle menfurateur pour la face octogone $e'\,q\,u\,y\,\gamma\,g\,\pi\,r'$ (*fig.* 71); la ligne $l\,d$ étant la hauteur d'un des petits prifmes dont il s'agit, on aura, d'après les mefures indiquées plus haut (80), l'angle $d\,l\,m$ (*fig.* 77) $= 44°$, & l'angle $l\,m\,d = 46°$ (*a*); on aura auffi l'angle $d\,l\,h$ (*fig.* 81) $= 46°$, & $l\,h\,d = 44°$: donc les triangles $d\,l\,m$, $d\,l\,h$ font femblables; ce qui donne $dm : dl :: dl : dh$.

Soit $a\,b\,n\,d$ (*fig.* 79) la furface de la bafe d'une des molécules conftituantes de la topaze. Ayant mené la perpendiculaire $b\,o$ fur le côté $d\,n$, on aura, par la fuppofition, dm (*fig.* 77) $= 2\,b\,o$ (*fig.* 79), à caufe des décroiffemens par deux rangées, & $d\,h$ (*fig.* 81) $= a\,n$ (*fig.* 79), à raifon de la même loi de décroiffement,

---

(*a*) Les lames de fuperpofition ayant leurs bafes difpofées perpendiculairement aux pans du prifme, il eft vifible que $d\,m$ eft auffi perpendiculaire à l'un de ces pans, & par conféquent $l\,m\,d = 136° - 90° = 46°$.

qui a lieu ici par rapport aux angles des lames compofantes. Subftituant dans la proportion $dm : dl :: dl : dh$, elle devient $2bo : dl :: dl : an$; c'eft-à-dire, que la hauteur dl (*fig.* 77) d'une des molécules prifmatiques, eft une moyenne proportionnelle entre deux fois la largeur bo (*fig.* 79) de la bafe, & la grande diagonale an de la même bafe; ce qui eft le rapport que j'ai indiqué (76).

Cherchons à préfent la valeur des angles bnd, abn, de la bafe dont il s'agit. La proportion $2bo : dl :: dl : an$ donne an ou $2gn = \frac{(dl)^2}{2bo}$. De plus, $bo \times dn = gn \times bd = gn \times 2dg$; d'où l'on tire $dg = \frac{bo \times dn}{2gn}$.

Subftituant à la place de $2gn$ fa valeur $\frac{(dl)^2}{2bo}$, on a $dg = \frac{2(bo)^2 \times dn}{(dl)^2}$. Or, d'après les valeurs indiquées ci-deffus, $\frac{2(bo)^2 \times dn}{(dl)^2} = \frac{\mathit{fin}(44°)^2 \times r}{2.\mathit{fin}.(46°)^2}$, en prenant dn pour le rayon r. Donc $log. \mathit{fin}. dng = 2 log. \mathit{fin}. 44° + log. r - 2 log. \mathit{fin}. 46° - log. 2 = 9668644$, lequel nombre répond à 27° 47'. Donc bnd

N 4

$= 55°\ 34'$, & $adn = 124°\ 26'$; laquelle valeur se trouve être la même que celle qu'on observe, en mesurant l'inclinaison respective des pans $tfpi$, $tski$ (*fig.* 70), qui sont, comme je l'ai dit (*a*), les résidus des pans primitifs du prisme de la topaze de Saxe.

Soit maintenant ldp (*fig.* 80) le triangle mensurateur, qui doit donner la loi des décroissemens, par rapport à la facette triangulaire $yn'\gamma$ (*fig.* 71). Ces décroissemens étant supposés se faire par une simple rangée de molécules, on aura $dp = gn$ (*fig.* 79).

Or, nous avons vu que $gn = \dfrac{(dl)^2}{460}$

$$= \frac{\text{sin. } (46°)^2}{2 \text{ sin. } 44°}\ ,$$ & *log.* gn ou *log.* $dp =$ 2 *log.* sin. $46°$ — *log.* sin. $44°$ — *logar.* 2 $=$ 95710669. De plus, faisant attention que nous avons pris pour la valeur de dl le sinus de $46°$, on aura *log.* $dl = 98569341$. Le triangle ldp étant résolu d'après ces données, on trouve pour le logarithme de la tangente de lp le nombre 97141328, qui répond à $27°\ 22'$; d'où il suit que l'angle

---

(*a*) Voyez le développement de cette topaze.

formé par la facette dont il s'agit avec l'exagone terminal, eft de $90° + 27° 22' = 117°$
$22'$; laquelle valeur fe trouve également vérifiée par l'obfervation.

Quant aux décroiffemens par rapport aux
facettes o' e' q m (*fig.* 71), ils fe font, comme
je l'ai annoncé (80), par des fouftractions
de trois rangées de molécules ; c'eft-à-dire ,
que dans le triangle menfurateur $l d r$ (*fig.* 78),
on a , outre *logar.* $d l = 98569341$,
comme ci-deffus, *log.* $d r = log.$ $b o + log.$ 3
$= log.$ *fin.* $44° — lo_{3}.$ 2 $+$ *logar.* 3 $=$
100178626 (a); ce qui donne pour le logarithme de la tangente de l'angle l, le nombre
101609285, qui répond à $55° 22'$. Partant,
l'angle formé par la facette dont il s'agit, avec
l'exagone qui termine le cryftal, eft de $145°$
$22'$, ainfi que le donnent les mefures prifes fur
le cryftal.

Voilà le premier exemple de décroiffement
par trois rangées de molécules , que j'aie
encore trouvé parmi une multitude de cryftaux dont j'ai obfervé la ftructure ; d'où l'on
peut conjecturer que ces exemples ne feront
pas moins rares dans la fuite. Ainfi, il faut

(a) Nous avons eu ci-deffus $2 b o = d m =$ *fin.* $44°$;
d'où l'on tire *log.* $b o = log.$ *fin.* $44° — log.$ 2.

les regarder comme des espèces d'exceptions aux loix les plus ordinaires, qui sont celles des décroissemens par une ou deux rangées de molécules.

La figure octaèdre du prisme est assez nette, dans cette topaze, pour permettre de déterminer avec précision la loi des décroissemens que subissent les lames composantes depuis les arêtes fp, sk (*fig.* 68), où se terminent les pans rectangles du même prisme.

Soit A dhb C rne (*Pl. VIII, fig.* 82) une coupe horizontale de ce prisme. S'il ne se faisoit aucunes soustractions de molécules constituantes, la coupe dont il s'agit auroit la figure du rhombe A B C D. Supposons donc qu'au point d, où commencent les décroissemens sur le bord AB, il y ait une rangée dglB de molécules soustraites ; une autre rangée $fpsl$, au point f distant du point d de trois molécules, & ainsi de suite. Cherchons les angles qui résultent de cette loi de décroissement. Dans le triangle dfg, nous avons l'angle dgf = A dg = 55° 34′, & le côté gf = 3 dg. Donc on peut faire dg = 1 ; gf = 3. Résolvant ce triangle, on trouvera pour le logarithme de la tangente de la demi-différence des angles d & f, le nombre 99772678, qui appartient à 43° 30′ ; d'où l'on conclura que dfg ou $fhp = 18°$ 43′ : ajoutant à phx, qui est de 55° 34′, le double de fhp, on aura l'angle $dhb = 93°$, & l'angle $Adh = Adg + fdg = 55°$ 34′ + 105° 43′ = 161° 17′; ce que confirment encore les observations faites sur le cryftal. On voit par-là que les décroiffemens dont il s'agit fuivent une des loix les plus ordinaires de la Cryftallifation, excepté qu'ils fe font par des degrés intermittens (*a*).

82. Pour revenir maintenant à la topaze du Bréfil, j'ai obfervé que, dans ce cryftal, les décroiffemens des lames qui forment par leurs rebords les faces des pyramides, fe faifoient par des fouftractions de deux rangées de molécules, comme pour les faces $otsue$ (*Pl. VII, fig.* 70), ou $qmtsu$ (*fig.* 71), dans la topaze de Saxe.

Quant au calcul des angles plans de l'une & l'autre topaze, je m'abftiendrai de le donner ici, parce qu'il eft long & un peu compliqué, fur tout pour la topaze de Saxe;

(*a*) On pourroit auffi concevoir la loi dont il s'agit ici, comme une efpèce de loi de décroiffement par trois rangées de molécules.

mais à l'aide des inclinaisons qu'ont entr'elles les différentes faces de ces cryſtaux, il fera facile aux Géomètres, qui voudroient vérifier mes calculs, de retrouver les réſultats indiqués dans le développement des deux topaźes.

ARTICLE IX.

Application au Grès cryſtalliſé de Fontainebleau.

83. Tout le monde connoît aujourd'hui le grès rhomboïdal de Fontainebleau, dont M. de Laſſone a donné, dans les Mémoires de l'Académie des Sciences pour l'année 1775, une deſcription très-exacte & très-détaillée, ainſi que des carrières dans leſquelles on trouve cette forte de cryſtaux. M. Sage a reconnu (*a*) que ces rhomboïdes étoient compoſés d'environ $\frac{2}{5}$ de matière calcaire ſur $\frac{3}{5}$ de matière quartzeuſe; ce qui doit les faire ranger parmi les pierres mêlangées. Je me ſuis propoſé, dès l'année 1782, de rechercher ſi la forme des cryſtaux dont il s'agit apparte-

_____

(*a*) Elémens de Minéralogie, 2ᵉ édition, Tom. I pag. 253.

noit aux fpaths calcaires , ou fi elle n'étoit
point le réfultat de quelque modification
particulière, occafionnée par le mélange de
la matière quartzeufe. J'ai reconnu d'abord,
en mefurant leurs angles plans, que ces angles
étoient fenfiblement égaux à ceux du fpath
rhomboïdal à fommets aigus (36), c'eft-à-
dire, de 75° 31' 20", & de 104° 28' 40",
à quelques variations près , occafionnées par
les arrondiffemens que fubiffent affez fouvent
les rhomboïdes vers leurs fommets. Je fuis
même parvenu à divifer quelques rhomboïdes
de grès cryftallifé, dans le même fens que le
fpath calcaire dont je viens de parler, & de
manière que les coupes étoient affez nettes
pour laiffer reconnoître le poli de la Nature,
quoiqu'un peu offufqué par la matière du
grès. Ces recherches font l'objet d'un Mémoire lu à l'Académie des Sciences le 18 Jan-
vier 1783. Le réfultat des obfervations rapportées dans ce Mémoire , eft que la fubftance
quartzeufe, mêlée avec celle du fpath dans
les rhomboïdes dont il s'agit, ne contribue
en rien à leur figure ; mais que les molécules
du quartz, trop peu divifées pour être fufceptibles d'une vraie cryftallifation, font feulement entraînées, & en quelque forte com-
mandées par celles du fpath , qui feules ont

le degré de ténuité néceſſaire pour ſe cryſtal-
liſer (a).

ARTICLE X.

*Obſervations & conjectures ſur la formation & ſur
l'accroiſſement des Cryſtaux.*

84. JE me ſuis borné, dans les articles précédens, à ce qui regarde la ſtructure des
cryſtaux. Quoique je n'aie appliqué ma théorie
qu'à un certain nombre de genres, & que
j'aie omis pluſieurs formes que je n'ai point
encore été à portée d'obſerver, ou qui m'ont
paru moins intéreſſantes que celles auxquelles
je me ſuis arrêté, je crois en avoir aſſez dit
pour qu'on ne puiſſe douter que les lames qui
compoſent les cryſtaux ſecondaires ne ſubiſſent réellement les loix de décroiſſement que
j'ai aſſignées. Il arrivera peut-être qu'en mul-
tipliant les obſervations, on découvrira, dans
certains cryſtaux, des extenſions particulières
de ces loix : mais il me ſemble que, dès

(a) Ces obſervations avoient déjà été faites en partie;
mais on n'avoit pas encore déterminé d'une manière pré-
ciſe à quelle forme de ſpath calcaire les cryſtaux dont il
s'agit devoient être rapportés.

maintenant, on peut préfumer, avèc beaucoup de fondement, que la marche la plus ordinaire de la Nature eft celle que j'ai indiquée, & que les variations même que cette marche pourroit éprouver dans certains cas, auront toujours un rapport affignable avèc l'une des loix dont il s'agit ; en forte qu'elles en affureront l'exiftence, loin de la rendre équivoque, & ne feront qu'en modifier l'action, fans en altérer la régularité. Les réflexions que je vais ajouter, fur la formation & fur l'accroiffement des cryftaux, me paroiffent d'autant plus propres à répandre du jour fur ce qui précède, qu'elles feront déduites immédiatement de l'obfervation & des faits que préfente la ftructure, & que je m'abftiendrai de donner aucune hypothèfe fur la nature & fur la manière d'agir des loix primitives, dont la connoiffance, fi elle ne nous a pas été refufée pour toujours, ne peut s'acquérir que par une longue fuite d'expériences & de recherches profondes, qui manquent à l'état actuel de la Science.

Il eft vraifemblable, comme je l'ai déjà remarqué en paffant (6), que la figure d'un cryftal eft ordinairement déterminée dès les premiers inftans de fa formation. Tous les cryftaux quartzeux, calcaires & autres que l'on obferve fur une même gangue (*a*), fe reffemblent par leur forme, quel que foit leur volume; en forte que ceux mêmes qui, par leur fineffe extréme, échappent à nos yeux, & ne peuvent être apperçus qu'à l'aide d'un inftrument d'Optique, ont déjà la figure des plus gros. Nous avons, par exemple, fur certaines matrices, des aiguilles de cryftal de roche, dont la petiteffe eft extrême: cependant ces aiguilles ont un prifme interpofé entre les deux pyramides, lorfque les groffes parmi lefquelles elles fe trouvent mêlées, préfentent cette variété de figure. Si chaque aiguille étoit formée d'abord par deux pyramides fans prifme, en forte que l'interpofition du prifme entre les deux pyramides ne commençât à avoir lieu que quand le cryftal feroit parvenu à une certaine épaiffeur, on verroit ordinairement fur une même gangue des cryftaux avec pyramide fans prifme, & d'autres avec des prifmes à tous degrés d'élé-

---

(*a*) On trouve à la vérité quelquefois fur la même gangue des cryftaux d'une même nature, qui diffèrent par leur forme; mais, très-probablement, l'époque de la cryftallifation des uns & des autres n'eft pas la même, & ils font, pour ainfi dire, le produit de deux jets différens.

vation.

vation. Cependant on remarque un rapport
aſſez ſenſible entre le volume des différentes
aiguilles & la hauteur de leur priſme. Si quelques-unes ne montrent qu'un commencement
de priſme, cela paroît venir de ce que le reſte
du cryſtal eſt enfoncé dans la gangue ; & en
effet, on apperçoit aſſez ſouvent, du côté
oppoſé, la ſeconde pyramide, ou même l'autre extrémité du priſme, qui forme une ſaillie,
& que l'on reconnoît, à ſon alignement, pour
faire partie du même cryſtal.

Il en faut dire autant des cryſtaux ſpathi-
ques, & de ceux des autres genres. Quelle
que ſoit leur fineſſe, ils ſont déjà complets,
chacun ſelon ſa variété ; on n'en voit aucun
qui préſente le noyau à découvert, ou le paſſage du noyau à la forme ſecondaire. D'après
cette obſervation, il me paroît important de
diſtinguer entre la ſtructure d'un cryſtal ſecondaire & ſon accroiſſement, puiſque celui-ci
ſe fait communément en ſens contraire de la
ſtructure. Dans le ſpath phoſphorique cubique,
par exemple, les lames que l'on détache, en
ſuivant les divers ſens indiqués par la ſtructure, ſont diſpoſées parallèlement aux faces
du noyau octaèdre ; au lieu que l'accroiſſement du cryſtal s'eſt fait par une ſuite de
couches concentriques parallèles aux faces du

cube. On pourroit demander pourquoi, la chofe étant ainfi, il n'eft pas poffible de divifer nettement un cube de fpath phofphorique parallèlement à fes faces? La raifon en eft, que les furfaces des couches, ou des enveloppes qui s'appliquent les unes fur les autres pendant l'accroiffement du fpath, ne peuvent être des plans liffes, mais font néceffairement hériffées d'une multitude de petites afpérités, ou de pointes de petits octaèdres ou tétraèdres, ainfi qu'on le concevra aifément, d'après l'explication que j'ai donnée (54) de la ftructure dont il s'agit. Cela pofé, les lames qui compofent les couches concentriques dont j'ai parlé, fe trouvent comme engrenées les unes dans les autres; en forte que la main qui dirigeroit l'inftrument tranchant dont on fe ferviroit pour effayer de divifer le cube parallèlement à fes faces, ne pourroit fe prêter à tous les mouvemens anguleux qu'exigeroit cette efpèce d'engrenage.

Un raifonnement fimple prouve, ce me femble, que l'accroiffement des cryftaux doit fe faire, le plus ordinairement, de la manière que je viens d'expofer. La cryftallifation d'une fubftance, fous une forme plutôt que fous une autre, tient néceffairement à une caufe particulière, ou plutôt à une modification des caufes générales qui influent dans cette opération de la Nature. Il fe peut, par exemple, que l'agent qui détermine la matière cryftalline à prendre telle figure préférablement à telle autre, vienne en partie de la qualité même du fluide, dans lequel s'opère la cryftallifation. Or, l'influence de cet agent doit avoir lieu, dès que les molécules font affez rapprochées pour fe grouper de manière à produire déjà un cryftal élémentaire, qui n'eft, pour ainfi dire, qu'un infiniment petit, & qui ne fait plus que groffir, en confervant fa figure.

85. Propofons-nous un exemple de cet accroiffement, tiré du fpath calcaire à deux pyramides hexaèdres, dont les faces font des triangles fcalènes (33). Le plus petit noyau qui puiffe donner l'élément du cryftal fecondaire, eft celui dont chaque face eft formée de neuf rhombes, c'eft-à-dire, que le folide eft compofé de vingt-fept molécules rhomboïdales. Concevons que c (fig. 83) foit un des fommets de ce folide, & que g b c f, b c h m, c f h n, foient les trois faces qui fe réuniffent pour former l'efpèce de pyramide terminée par ce fommet. Pour avoir le cryftal élémentaire cherché, il faut concevoir au moins une couche appliquée fur chacune des deux pyramides dont eft compofé le noyau. Or, puifque les

décroissemens se font, dans le cas présent, par deux rangées de molécules (34), il est aisé de voir que la couche dont il s'agit ne couvrira que les trois rhombes *a*, *r*, *o*. Voyons donc combien il faut de molécules pour former cette couche, sans laisser aucun vuide. Supposons trois rhomboïdes appliqués sur *a*, *r*, *o*, de manière qu'ils aient leurs faces respectivement parallèles à celles du noyau. Ces rhomboïdes laisseront d'abord trois interstices entre celles de leurs faces, qui aboutiront aux arêtes contiguës au sommet *c*, telles que *c e*. Il faudra trois nouveaux rhomboïdes pour remplir ces interstices; plus, un quatrième rhomboïde pour remplir le vuide qui restera au sommet *c*; en sorte que le sommet inférieur de ce dernier rhomboïde se confondra avec *c* : ainsi chaque couche sera composée de sept molécules, & l'assemblage du noyau & de ces couches donnera l'élement du crystal secondaire formé de quarante-un petits rhomboïdes.

Concevons maintenant que, dans l'instant suivant, le solide s'accroisse de la plus petite quantité possible, en restant toujours assujetti à la loi indiquée; le noyau croissant en même temps, chacune de ses faces se trouvera composée de vingt-cinq rhombes, c'est-à-dire, que ce noyau fera formé de cent vingt-cinq molécules. (*Voyez la figure* 84). Il y aura deux couches appliquées fur chacune des efpèces de pyramides dont il eft compofé. La première de ces couches couvrira les vingt-fept rhombes renfermés dans le contour de la furface *z t k u y x*. Or, en raifonnant comme ci-deffus, on concevra que, pour couvrir ces vingt-fept rhombes, il faut trente-fept molécules. La feconde couche qui couvrira les trois rhombes correfpondans à ceux qui font autour du point *c*, fera de fept molécules, comme dans le cas précédent.

Dans un troifième inftant, le noyau fera compofé de 7^3 ou de 343 molécules; il y aura trois couches, la première de 91 molécules, la feconde de 37, & la troifième de 7.

Dans le quatrième inftant, le noyau fera de 9^3 ou 729 molécules; il fera recouvert par quatre couches, la première de 169 molécules, la feconde de 91, la troifième de 37, & la quatrième de 7.

Ainfi, les différens états du noyau feront fucceffivement comme les puiffances 3^3, 5^3, 7^3, 9^3, &c., & en général $(2n+1)^3$, appellant *n* le nombre des inftans.

Quant aux couches ajoutées au noyau, pour exprimer généralement les nombres de molécules dont elles font compofées fucceffivement, obfervons que ,

$$7 = 3 + 3 + 1 = 3 \cdot 1^2 + 3 \cdot 1 + 1.$$
$$37 = 27 + 9 + 1 = 3 \cdot 3^2 + 3 \cdot 3 + 1.$$
$$91 = 75 + 15 + 1 = 3 \cdot 5^2 + 3 \cdot 5 + 1.$$
$$169 = 147 + 21 + 1 = 3 \cdot 7^2 + 3 \cdot 7 + 1, \&c.$$

D'où il eſt aiſé de, juger que les nombres dont il s'agit forment une férie récurrente.

Soit toujours n le nombre des termes , on aura pour l'expreſſion générale de chaque terme $3(2n-1)^2 + 3(2n-1) + 1 = 12n^2 - 6n + 1$; & doublant, pour avoir le nombre des molécules qui compoſent. les deux couches, $2(12n^2 - 6n + 1)$.

On peut regarder cette formule comme l'expreſſion algébrique des accroiſſemens du cryſtal ; & en fuivant une marche femblable pour les autres cryſtaux fecondaires , on trouvera d'autres nombres de molécules & des féries analogues, dont les termes varieront fuivant un autre rapport.

Un noyau élémentaire, compofé de vingt-fept molécules , eſt, comme je l'ai dit, le plus petit que l'on puiſſe concevoir , relativement à la variété de cryſtal que nous venons de confidérer. Mais il y a certaines variétés où il faut fuppofer un noyau formé d'un plus grand nombre de molécules ; ce qui arrive lorfque plufieurs décroiffemens ont lieu à-la-fois. Un coup-d'œil, jeté fur la *figure 83*, fuffit pour faire concevoir, par exemple, que la première couche, appliquée fur un noyau de vingt-fept molécules, ne pourroit fubir en même temps des décroiffemens par deux rangées de petits rhomboïdes pour les rebords *h f*, *h n*, &c. , & par une rangée pour les rebords *c f*, *c n*, &c. ; car, dans ce cas, la couche fe réduiroit à zéro. Il eft donc probable que le nombre des molécules qui compofent le noyau élémentaire du cryftal, varie felon les cas; dé manière cependant que ce noyau eft le plus petit poffible, relativement à la forme qui doit réfulter de l'action préfente des loix de la Cryftallifation. Au refte, je ne propofe ces vues que comme des conjectures, qui me paroiffent d'autant plus plaufibles, qu'elles font conformes à l'idée de la plus grande fimplicité, qui fera toujours le fondement des explications les plus heureufes que l'on puiffe donner des phénomènes naturels.

Il peut arriver, par une forte d'exception aux loix ordinaires de la Cryftallifation, qu'un cryftal continue de croître en hauteur, tandis qu'il conferve la même épaiffeur. J'ai vu des cryftaux de fpath calcaire en prifme à fix pans,

terminé par deux faces exagones (28), qui
fembloient compofés de plufieurs prifmes
courts appliqués les uns fur les autres par
leurs bafes inférieures ; de manière que la
réunion de ces prifmes s'annonçoit fenfiblement par une couche très-mince, plus tranf-
parente que le refte du cryftal, & interpofée
entre les deux prifmes voifins. Dans les opérations de la Nature, il fe rencontre des accidens, des circonftances fecondaires, qui font
varier l'effet des caufes primitives; & fi ces
variations doivent avoir lieu, il femble que
ce foit fur-tout à l'égard de la cryftallifation, qui eft livrée à l'influence d'une multitude de caufes particulières dont les actions fe
fuccèdent, s'entre-croifent & fe balancent mutuellement (a).

86. La ftructure des cryftaux étant foumife,
comme on l'a vu, à un petit nombre de loix

(a) C'eft encore à l'influence des caufes accidentelles
qu'il faut attribuer, ce me femble, les irrégularités
de certains cryftaux, qui préfentent des défauts d'accroiffement dans quelques-unes de leurs parties, ou
des excès produits par une matière furabondante dans
les parties oppofées. De ce nombre font les cryftaux,
dont certains angles folides font complets, tandis que
les angles correfpondans manquent abfolument, & fe
trouvent remplacés par des facettes.

fecondaires, dont les actions combinées modifient de différentes manières les formes des fubftances cryftallifées, les effets de ces loix fe trouvent néceffairement refferrés entre certaines limites, qui s'étendent depuis la forme primitive, que l'on doit regarder comme l'effet le plus fimple de la cryftallifation d'une fubftance, jufqu'à la forme qui eft le produit des modifications les plus compofées des loix dont il s'agit. Or, il me paroît que la détermination de ces limites eft un des problêmes d'Hiftoire Naturelle les plus intéreffans que l'on puiffe propofer, puifque la folution de ce problême donne, pour ainfi dire, la fomme de toutes les actions des loix d'affinité, qui follicitent les molécules de la matière à s'attirer mutuellement & à s'unir entr'elles. Je vais effayer de réfoudre ce problême par rapport au fpath calcaire, en cherchant combien il y a de formes poffibles dans ce genre de cryftaux, d'après la connoiffance que nous avons des décroiffemens les plus ordinaires que fubiffent leurs lames compofantes; c'eft-à-dire, de ceux qui fe font par une & par deux rangées de molécules, foit pour les côtés des lames, foit pour leurs angles.

Repréfentons par A′ & par A″ les décroiffemens par une & par deux rangées de molécules, pour l'angle c (*fig. 84*) d'une des lames *clpq*, appliquée fur le noyau; par *a'* & par *a"* les décroiſſemens vers l'angle *p*, & par B' & B" les décroiſſemens fur les angles latéraux, qui ne peuvent varier l'un fans l'autre, fans quoi le cryſtal ne feroit pas régulier. Repréſentons par C' & C" les décroiſſemens par une & par deux fur les côtés *cl*, *cq*, & & par *c'* & *c"* les décroiſſemens fur les côtés *lp*, *pq*. Il eſt évident que ces quatre côtés varient auſſi deux à deux. Enfin, déſignons par F les faces ou facettes qui correſpondent aux faces du noyau, dans le cas où les décroiſſemens s'arrêtent tout-à-coup à un certain terme, comme dans le grenat à 36 faces (72), nous aurons les onze quantités A', A", *a'*, *a"*, B', B", C', C", *c'*, *c"*, F, parmi leſquelles F, priſe toute feule, repréſentera le noyau ou la forme primitive. De ces onze quantités, il faut d'abord ſupprimer *a'*, pour la raiſon que je dirai plus bas.

Reſtent dix quantités qu'il faut combiner une à une, deux à deux, trois à trois, &c. Faiſant $m = 10$, on aura pour ces différentes combinaiſons

$$m + m. \frac{m-1}{2} + m. \frac{m-1}{2}. \frac{m-2}{3}$$

$$+ m. \frac{m-1}{2}. \frac{m-2}{3}. \frac{m-3}{4}, \&c. = 10 + 45$$

+ 120 + 210, &c. = 1023 combinaisons.

Observons maintenant que A′, a″ & C′ donnent, la première des faces horizontales, & les deux autres des faces verticales. D'où il suit, 1°. qu'aucune de ces trois quantités ne pouvant exister seule, sans quoi le crystal ne seroit pas terminé dans toutes ses parties, il faudra retrancher trois combinaisons : restent 1020 ; 2°. que la combinaison a″ C′ ne peut non-plus avoir lieu seule, puisqu'elle ne produiroit que des faces verticales, ce qui fait encore une combinaison à retrancher : restent 1019 combinaisons.

Je n'ai point fait entrer dans ces combinaisons les différens états que subissent certaines parties des lames, soit en restant constantes, soit en croissant suivant une loi particulière, tandis que les autres parties décroissent. La raison en est, que les décroissemens de ces dernières emportent nécessairement avec eux la constance ou les variations des parties dont il s'agit. Ainsi, dans le spath calcaire à sommets très-obtus (23), les décroissemens des lames dans leurs bords supérieurs par une rangée de molécules, rendent nécessairement ces lames constantes par leur angle inférieur. Dans le spath calcaire à douze plans pentagones (25), les variations que fuivent les lames de fuperpofition par leurs côtés H K, G D (*fig.* 20), font pareillement une fuite néceffaire des décroiffemens de ces lames, vers leurs bafes DK, par deux rangées de molécules. Ainfi tout dépend ici de la loi des décroiffemens ; en forte que fi l'on imagine différens plans appliqués fur les arètes des lames de fuperpofition aux endroits où celles - ci décroiffent, ces plans détermineront les faces du cryftal fecondaire, ou, ce qui revient au même, leurs communes féctions fe confondront avec les côtés de ces mêmes faces.

On peut concevoir maintenant pourquoi , dans l'ordre des combinaifons, il faut fupprimer la quantité a', ou celle qui donne des décroiffemens par une rangée de molécules fur l'angle inférieur p (*fig.* 84) des lames de fuperpofition. Car foient A N G B , A B C O (*fig.* 85), deux des faces qui fe réuniffent trois à trois autour du fommet fupérieur A d'un noyau de fpath calcaire , & B G D C l'une des faces qui fe réuniffent autour du fommet inférieur D du même noyau. Nous avons vu (24) que quand les lames de fuperpofition décroiffoient vers leur angle G B C ou B C O par deux rangées de molécules, les facettes, produites par ces décroiffemens, avoient une pofition

verticale; d'où il fuit qu'une loi de décroiffement dont l'action feroit plus lente, telle
que celle qui auroit lieu dans le cas des décroiffemens par une rangée , donneroit des
faces , dont la pofition indiquée ici par les
lignes B R , C Q, divergeroit par rapport à
l'axe A D du noyau (*a*). Donc les plans qui
pafferoient par ces faces formeroient, en s'en-
trecoupant, des angles rentrans. Or, j'ai déjà
remarqué (70) que les loix primitives de la
Cryftallifation paroiffoient exclure tout angle
rentrant dans les cryftaux. Ainfi la combinaifon dont il s'agit ne peut avoir lieu , même
en la fuppofant réunie avec une autre combinaifon ; ce qui feroit néceffaire , puifque,
fans cela, le cryftal ne feroit terminé dans
aucune de fes deux extrémités , fon axe étant

(*a*) Les lames du fpath calcaire rhomboïdal à fommets aigus (36) varient , à la vérité, par des fouftractions d'une rangée de molécules fur leur angle inférieur. Mais il faut bien obferver que ces fouftractions
fe font en allant de la furface du cryftal au noyau ;
d'où il réfulte que fi l'on confidère ces mêmes lames
depuis le noyau , elles fubiffent de véritables accroiffemens , qui ne font que l'effet néceffaire des décroiffemens par les angles latéraux. Voyez la ftructure du fpath
dont il s'agit.

infini, à caufe de la divergence des faces à l'égard de cet axe.

Parmi les 1019 combinaifons dont le fpath calcaire eft fufceptible, il n'y en a guères que trente qui foient connues, à en juger par les defcriptions des Auteurs qui ont donné fur cette matière les détails les plus amples. Il eft vraifemblable qu'on en découvrira de nouvelles: mais je préfume que le nombre des faces fe trouvera limité; & il n'y a guères d'apparence que les dix pofitions que donneroit l'enfemble des quantités mentionnées fe rencontrent toutes dans un même cryftal, attendu qu'il faudroit qu'un grand nombre de circonftances concouruffent, ce me femble, pour produire un effet auffi compliqué. C'eft à l'obfervation à nous apprendre quelles font les limites jufqu'où s'étend la marche de la Nature dans les variations dont cette marche eft fufceptible.

87. Je vais maintenant donner un exemple d'une ftructure relative à une modification de forme que je n'ai point encore obfervée jufqu'ici dans les fpaths calcaires, & que je ne fache pas qu'aucun Auteur ait décrite.

Concevons que les lames appliquées fur un noyau rhomboïdal de fpath d'Iflande décroif-

fent feulement dans leur angle fupérieur
A (*fig.* 86), par deux rangées de molécules.
Les faces produites par ces décroiffemens refteront contiguës aux deux fommets de l'axe,
& feront, avec cet axe, un angle beaucoup
plus ouvert que celui qui eft formé par les
faces du noyau avec le même axe. En confidérant ces faces comme autant de plans qui
s'entre-coupent, il fera aifé de voir, avec un
peu d'attention, que leur affortiment doit
produire un rhomboïde très-applati, dont il
s'agit maintenant d'examiner la ftructure, & de
déterminer les angles plans.

Soit A D F P (*fig.* 87) une des faces qui
fe réuniffent trois à trois au fommet A de ce
rhomboïde, & foient D F G N, P F G E,
deux faces de la partie inférieure du cryftal,
G étant le fommet oppofé. Ce cryftal ne pouvant être divifé que parallèlement aux faces
du noyau, les plans coupans détacheront
d'abord des lames triangulaires, telles que *h r k*
B *z* O, &c. dont l'inclinaifon, par rapport à l'axe,
fera tournée vers le fommet A. La ftructure
d'une de ces lames eft indiquée par la pofition
des rhombes qui occupent la furface du triangle *h m k* (*fig.* 86), où l'on voit que les
lignes *h m*, *m k*, font dirigées de manière qu'entre leurs interfections *h i m*, avec les rhombes

compofans, il y a toujours deux de ces rhombes
interceptés ; ce qui eſt une ſuite de la loi
des décroiſſemens par deux rangées de molécules. Au-delà des milieux B , O , &c. (*fig.* 87)
des côtés D F , P F , &c., où les ſections voiſines ſe touchent, ces ſections s'entre-coupe-
ront de manière que les angles B, O, des triangles Bm O (*fig.* 86) diſparoîtront, & que ces
triangles prendront des figures pentagones,
telles que *ac m n d*, & paſſeront par degrés à
la figure du triangle *b m g* (*a*). Alors on aura
un ſolide à douze faces triangulaires, dont ſix
ſemblables entr'elles, & repréſentées par le
triangle A R S (*fig.* 87), ſeront les réſidus
des faces ordinaires du rhomboïde que nous conſidérons ici ; & les ſix autres, telles que *b m g*
(*fig.* 86), ſeront ſemblables à des moitiés de

(*a*) Les lignes qui forment ici le pentagone *ac m n d*,
indiquent ſeulement les poſitions reſpectives, & non
les dimenſions des côtés de ce même pentagone ; car
comme il s'accroît en hauteur, non-ſeulement vers ſa
baſe, mais auſſi vers ſon ſommet *m*, à meſure que
l'on détache de nouvelles lames, il eſt aiſé de concevoir que les ſections *a c*, *d n* ſont plus éloignées l'une
de l'autre que dans la figure ; en ſorte que quand le
pentagone eſt parvenu à la figure du triangle *b m g*, la
baſe *b g* de ce triangle doit être conçue comme étant
encore égale à la ligne B O.

rhombes

rhombes du fpath d'Iflande. Au-delà des points R, S, &c. (*fig.* 87), les fections intercepteront des pentagones *o x m y z* (*fig.* 86), qui retourneront par degrés à la figure du rhombe *s t m u*; & à ce terme, le noyau du folide paroîtra à découvert.

Telle eft la ftructure de ce rhomboïde, qui, s'il exiftoit, feroit le quatrième dans le genre des fpaths calcaires. On n'en peut point imaginer d'autre, en n'admettant que les loix de décroiffement par une ou par deux rangées de molécules.

88. Cherchons maintenant la valeur des angles plans de ce rhomboïde. Soit *a o p g* (*fig.* 88) une coupe du noyau femblable au quadrilatère *a b d g* de la *Pl. III, fig.* 24; c'eft-à-dire, formée par les petites diagonales *a g, o p*, de deux faces oppofées de ce noyau, & par les côtés ou les arêtes *a o, p g*, comprifes entre ces diagonales. Prolongeons *p g* jufqu'à ce que l'on ait *g c* = *p g;* menons *a c r* prolongée indéfiniment ; puis ayant coupé l'axe *a p* en trois parties égales aux points *n, h*, menons fur cet axe les perpendiculaires *n c, h r*, jufqu'à la rencontre de la ligne *a c r*. Soit *a m t* le triangle menfurateur, les décroiffemens fe faifant ici par deux rangées de molécules, *a m* fera (14) la petite diagonale

P.

entière d'une de ces molécules, & mt l'une des arêtes. On aura donc (30) $am = 2\sqrt{2} = \sqrt{8}$, & $mt = \sqrt{5}$. Or, à cause des triangles semblables amt, agc, nous pouvons faire aussi $ag = \sqrt{8}$, & $gc = \sqrt{5}$. Maintenant les triangles pgh, pcn, qui sont aussi semblables, donnent $pg : ph :: pc : pn$. Substituant (30), on aura $\sqrt{5} : 1 :: 2\sqrt{5} : pn = 2$. Donc $cn = \sqrt{pc^2 - pn^2} = \sqrt{20 - 4} = 4$. De plus, nous avons vu (35), que $ap = 3$. Donc $pn = 2$, & $an = 1$. Donc $ac = \sqrt{cn^2 + an^2} = \sqrt{16 + 1} = \sqrt{17}$. $hr = 2cn = 8$; & $ar = \sqrt{hr^2 + ah^2} = \sqrt{64 + 4} = \sqrt{68}$; enfin $pr = \sqrt{hr^2 + ph^2} = \sqrt{64 + 1} = \sqrt{65}$. Or, dans tout rhomboïde, l'extrémité de la petite diagonale se trouve toujours à la même hauteur que le point h, qui est aux deux tiers de l'axe. Donc ar sera ici cette diagonale, & ps sera l'une des arêtes du rhomboïde; donc dans ce solide la petite diagonale est au côté, dans le rapport de $\sqrt{68}$ à $\sqrt{65}$. Soit ADFP (*fig.* 89) l'une des faces du rhomboïde, on aura A D $= \sqrt{65}$, AC $= \frac{1}{2} \sqrt{68} = \sqrt{17}$, & par conféquent D C $= \sqrt{65 - 17} = \sqrt{48}$ $= 4\sqrt{3}$. Réfolvant le triangle rectangle ADC, d'après ces données, on trouvera pour le logarithme de l'angle D A C le nombre 993341639, qui répond à 59° 14′ 32″; d'où il fuit que l'angle obtus DAP eft de 118° 29′ 4″, & l'angle aigu ADP de 61° 30′ 56″.

89. On pourroit, en imaginant d'autres combinaifons, déterminer de nouvelles formes analogues à celles qui font déjà connues. J'ai prouvé (22) que quand les lames qui s'appliquent fur le noyau décroiffoient continuement dans leurs bords fupérieurs A B, A O (*fig.* 86), par la fouftraction d'une rangée de molécules, il en réfultoit un rhomboïde à fommets plus obtus que ceux du fpath d'Iflande, mais moins que ceux du rhomboïde que nous venons de confidérer. Suppofons maintenant que les lames de fuperpofition décroiffent, vers les mêmes bords par des fouftractions de deux rangées de molécules. Ces décroiffemens produiront un folide S G N R T H (*fig.* 90.) à douze faces triangulaires ifocèles, toutes égales entr'elles, & dont l'angle au fommet C G R ou H G C, ou, &c., fera de 53° 7′ 48″, comme

on peut s'en convaincre en calculant cet angle,
d'après la loi de décroissement indiquée. Nous
avons déjà dans le spath calcaire un crystal à
deux pyramides exaèdres (33), mais dont les
faces sont des triangles scalènes. Le solide dont
il s'agit ici se divisera par des sections *abed*,
faites parallèlement au plan qui seroit censé
passer par les arêtes G H, G R, lesquelles
sont celles du noyau lui-même. Il sera facile
de concevoir tout le reste, en faisant attention à la structure qui doit résulter des décroiffemens dont j'ai parlé.

90. Il peut même arriver que deux formes
tout-à-fait semblables se trouvent dans le même
genre avec des structures différentes. Concevons
des lames qui décroissent vers leurs bords inférieurs B C, O C (*fig.* 86), par une rangée de
molécules. Ces lames, en s'appliquant sur le
noyau, produiront un solide à six faces verticales, qui feront des parallélogrammes obliquangles *con̅r, rn̅ts* (*fig.* 91), terminé par
deux sommets, dont chacun sera formé de
trois rhombes, tels que *acrs*, semblables à
ceux du noyau. Ce crystal existe en effet, &
a été décrit par M. Bergmann dans l'Ouvrage
cité N°. 27. Maintenant, si les lames de fu-
perposition décroissent en même temps vers
leurs angles supérieurs, tels que *a*, par une

rangée de molécules, ces décroissemens produiront des faces horizontales, aux deux extrémités du solide, qui seroit alors entièrement
semblable au prisme à six pans rectangles du
N°. 28 : mais ce solide se diviseroit par des
sections obliques sur les arêtes verticales, telles
que *b d, r n*, & non pas sur les arêtes formées
par les côtés de l'exagone, comme dans le prisme
dont je viens de parler. On voit par-là de combien de variétés la Crystallisation est susceptible.

Au reste, quoique les formes des crystaux
soient déjà très-multipliées, & qu'il y ait lieu
de présumer, d'après tout ce que je viens de
dire, qu'on en découvrira encore un grand
nombre par la suite, cette considération ne
doit point faire naître contre la Crystallographie
un préjugé aussi injuste, j'ose le dire, qu'il
seroit nuisible aux progrès de la science des
minéraux, puisqu'il nous en feroit négliger
un des points de vue les plus intéressans &
les plus curieux. Efforçons-nous plutôt de voir
la Nature telle qu'elle est, d'en simplifier
l'étude, en la soumettant à des principes fixes
& constans, & de faire disparoître une partie
des difficultés qu'entraîne cette étude, en liant
les détails les uns aux autres par les vues les
plus générales auxquelles nous permette de

nous élever le peu de connoiſſance que nous
avons des cauſes ultérieures auxquelles le Créa-
teur a ſoumis les différens phénomènes de l'Uni-
vers.

TABLE
DES MATIERES.

G

G

T

Fin de la Table des Matières.

De l'Imprimerie de DEMONVILLE, rue Christine. 1783.

Pl. I.

Figure 1.re

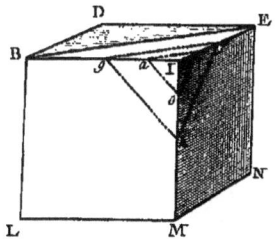

Fig. 2.

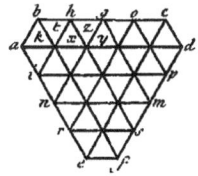

Fig. 3.

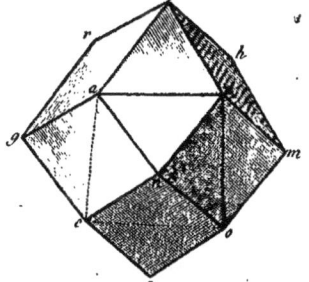

Fig. 4.

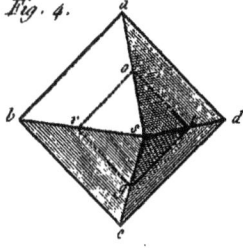

Fig. 5.

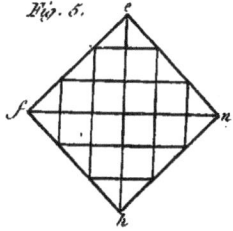

Fig. 7.

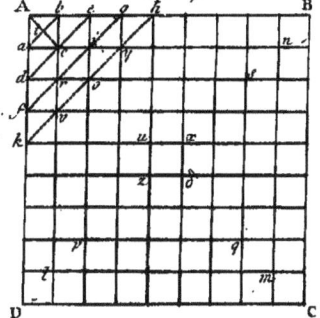

Fig. 6.

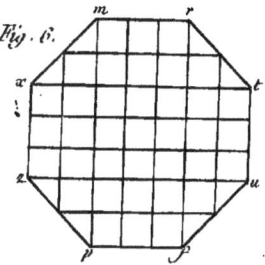

Fig. 8.

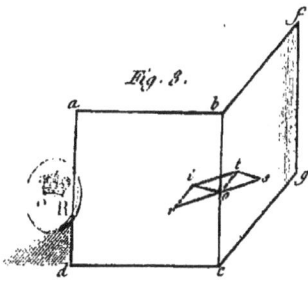

Fig. 9.

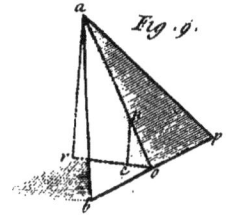

Pl. L

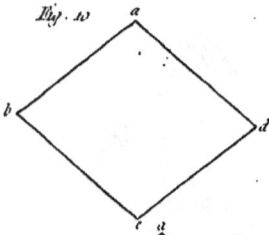

Fig. 10.

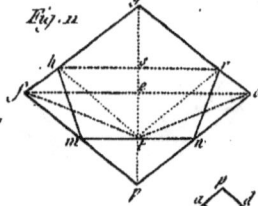

Fig. 11.

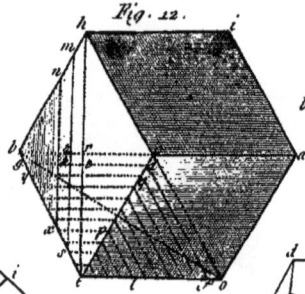

Fig. 12.

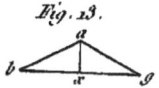

Fig. 13.

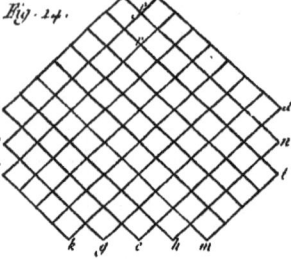

Fig. 14.

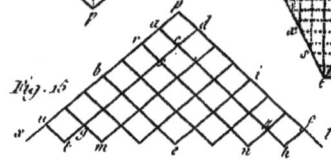

Fig. 15.

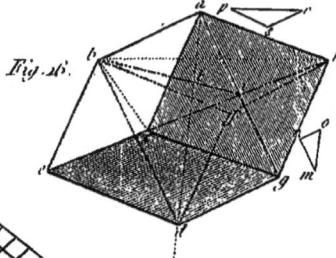

Fig. 16.

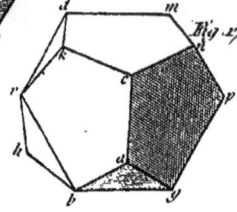

Fig. 17.

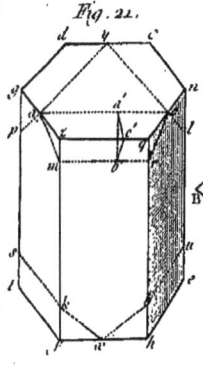

Fig. 21.

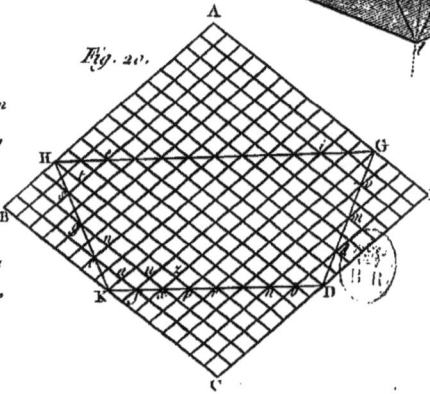

Fig. 20.

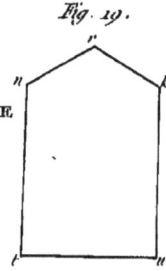

Fig. 19.

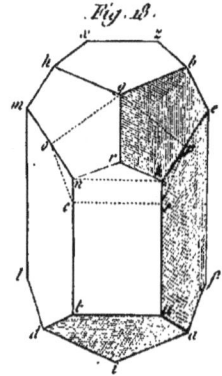

Fig. 18.

Pl. III.

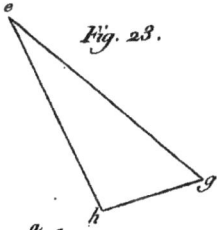

Fig. 23.

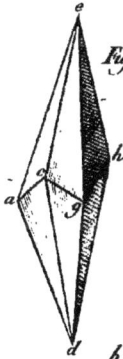

Fig. 22.

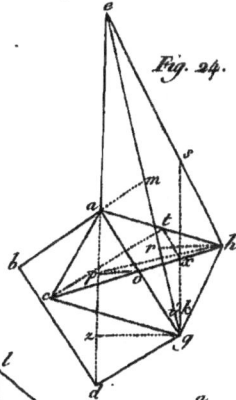

Fig. 24.

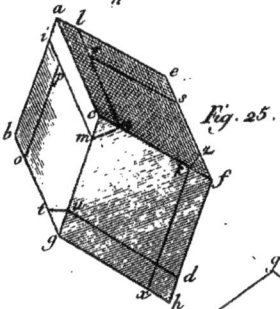

Fig. 25.

Fig. 26.

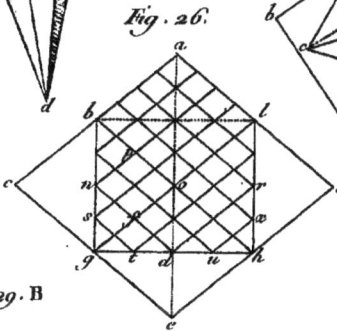

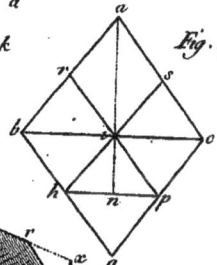

Fig. 27.

Fig. 29. B

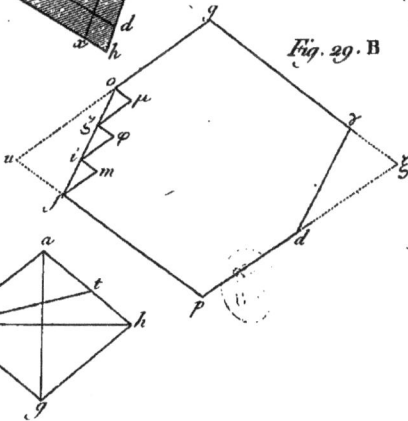

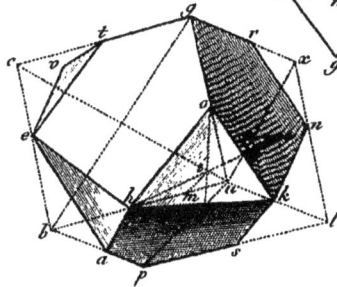

Fig. 29 A.

Fig. 28.

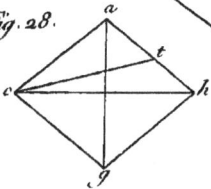

Pl. II

Fig. 30.

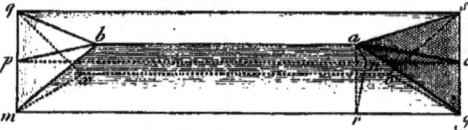

Fig. 31.

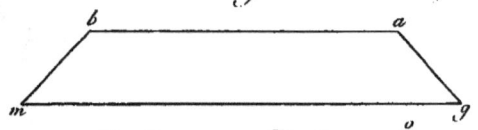

Fig. 33.

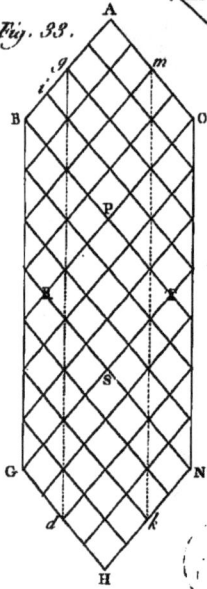

Fig. 34.

Fig. 36.

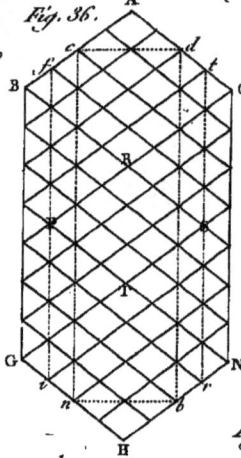

Fig. 35.

Fig. 32.

Fig. 39.

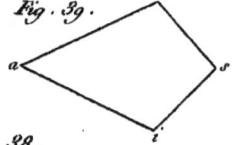

Fig. 38.

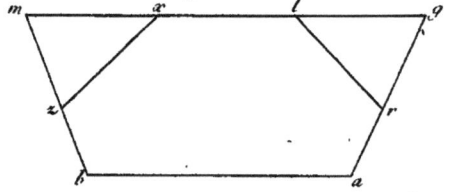

Fig. 40.

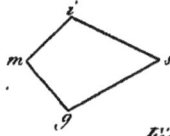

Fig. 41.

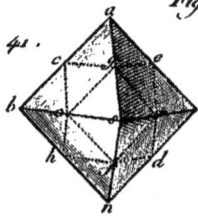

Fig. 42.

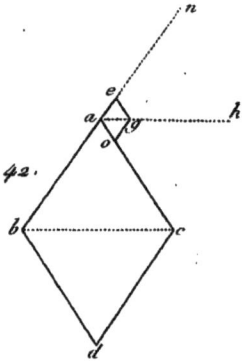

Fig. 37.

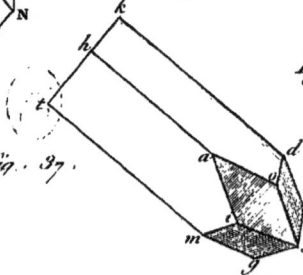

Pl. V.

Fig. 43.

A　　　　B

D　　　　C

Fig. 44.

s　　　　o

p　　　　a

Fig. 45.

p　　　d

m　　　g

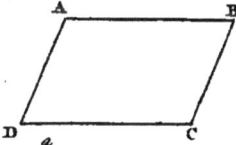

Fig. 48.

Fig. 47.

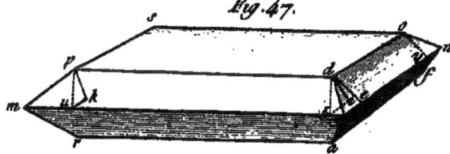

Fig. 46.

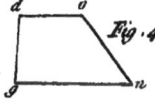

Fig. 51.

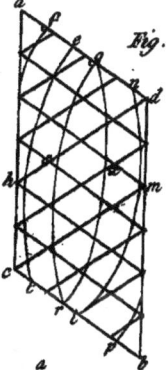

Fig. 49.

Fig. 50.

Fig. 53.

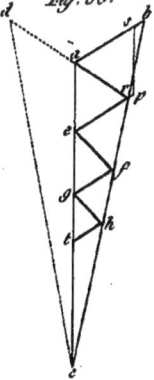

Fig. 52.

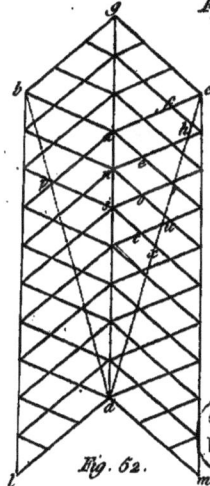

Fig. 54.

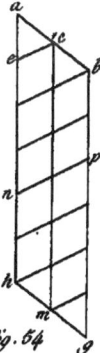

Fig. 55.

Fig. 56.

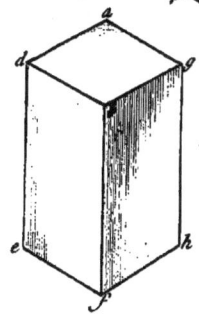

Pl. V.

Fig. 56.

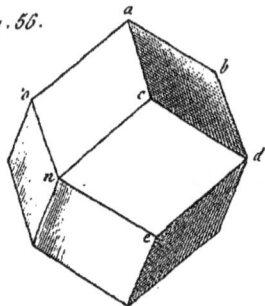

Fig. 57.

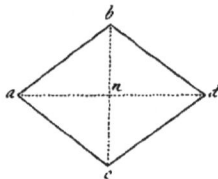

Fig. 58.

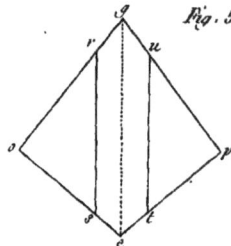

Fig. 59.

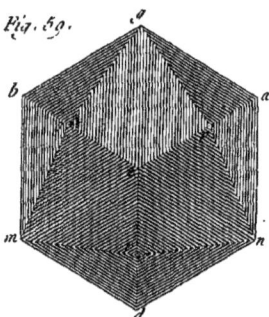

Fig. 60.

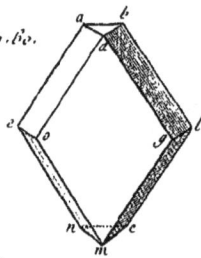

Fig. 61.

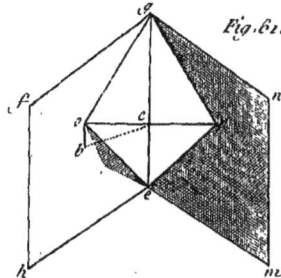

Fig. 62.

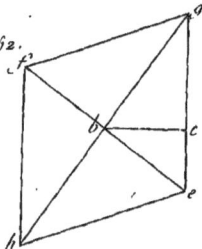

Fig. 63.

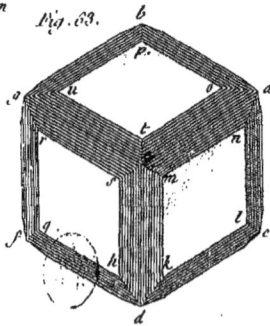

Fig. 64.

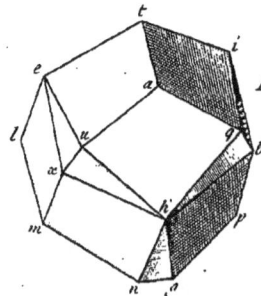

Pl. VII.

Fig. 65.

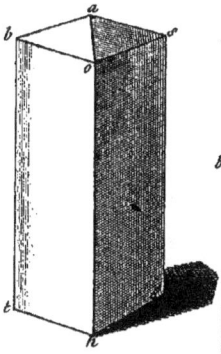

Fig. 66.

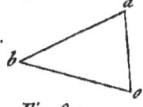

Fig. 68.

Fig. 67.

Fig. 69.

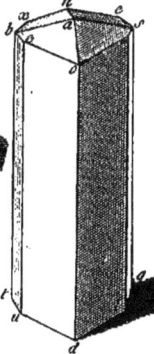

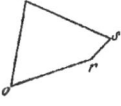

Fig. 70.

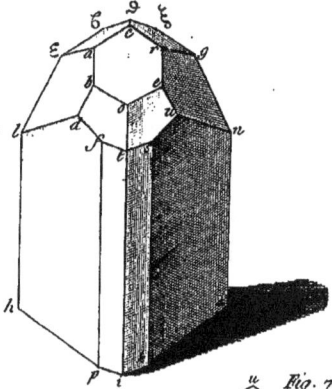

Fig. 71.

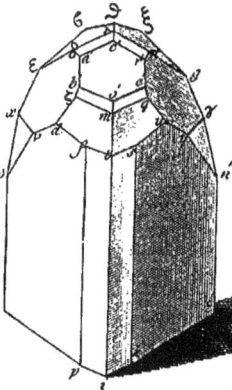

Fig. 74.

Fig. 73.

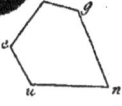

Fig. 75.

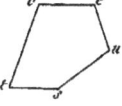

Fig. 76.

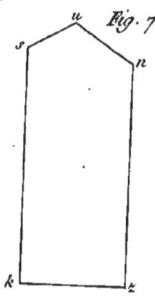

Fig. 72.

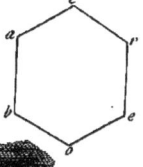

Fig. 77.

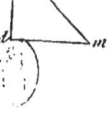

Fig. 78.

Fig. 79.

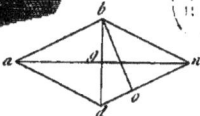

Fig. 80.

Fig. 81.

Pl. VI

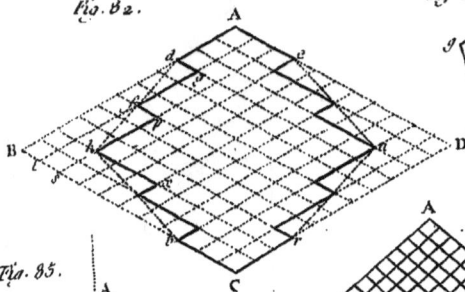

Fig. 82.

Fig. 83.

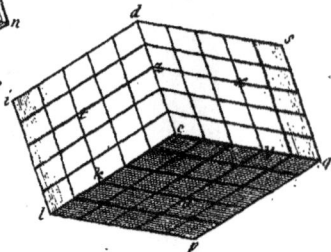

Fig. 84.

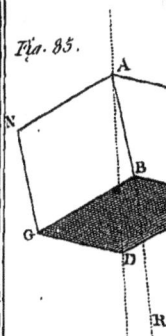

Fig. 85.

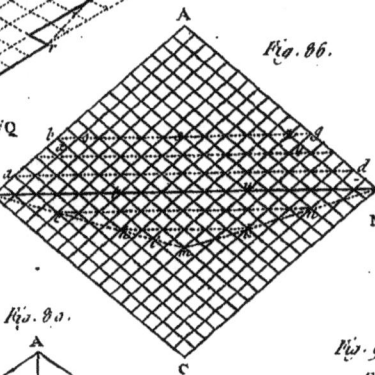

Fig. 86.

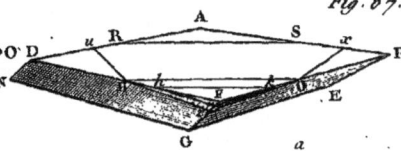

Fig. 87.

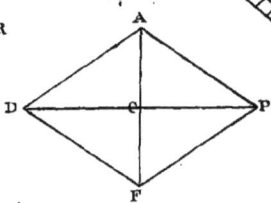

Fig. 88.

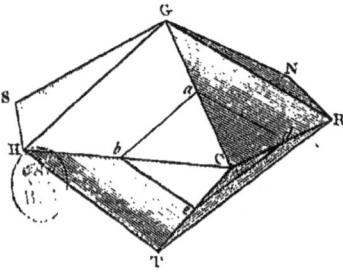

Fig. 90.

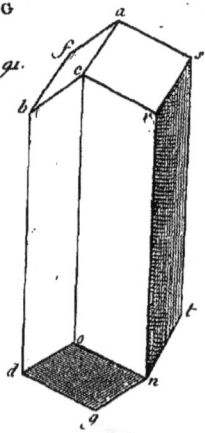

Fig. 91.

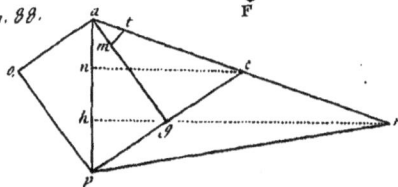

Fig. 89.

www.ingramcontent.com/pod-product-compliance
Lightning Source LLC
Chambersburg PA
CBHW071635200326
41519CB00012BA/2301